数控铣削编程与操作

主　编:芦　荣

副主编:张　倩　程　辉　陈　直　杭上钰

中国石油大学出版社
CHINA UNIVERSITY OF PETROLEUM PRESS

山东·青岛

图书在版编目（CIP）数据

数控铣削编程与操作 / 芦荣主编 . -- 青岛：中国
石油大学出版社 , 2024. 6. -- ISBN 978-7-5636-4557-2

Ⅰ . TG547

中国国家版本馆 CIP 数据核字第 2024CE4505 号

书　　名：数控铣削编程与操作
　　　　　SHUKONG XIXIAO BIANCHENG YU CAOZUO

主　　编：芦　荣

责任编辑：陈洪玉（电话　0532-86983563）
责任校对：张　凤（电话　0532-86983563）
封面设计：乐道视觉

出 版 者：中国石油大学出版社
　　　　　（地址：山东省青岛市黄岛区长江西路 66 号　邮编：266580）
网　　址：http://cbs.upc.edu.cn
电子邮箱：jichujiaoyu0532@163.com
排 版 者：青岛乐道视觉创意设计有限公司
印 刷 者：青岛北琪精密制造有限公司
发 行 者：中国石油大学出版社（电话　0532-86983437）
开　　本：787 mm × 1 092 mm　1/16
印　　张：13.25
字　　数：282 千字
版 印 次：2024 年 6 月第 1 版　2024 年 6 月第 1 次印刷
书　　号：ISBN 978-7-5636-4557-2
定　　价：42.00 元

前言

PREFACE

本书从职业院校学生的实际水平出发,本着内容通俗易懂,适合学生自学且让学生容易接受的思想,以达到上手快、记忆深的目的为出发点,以学生必须掌握的内容为编写宗旨,立足于数控技术岗位需要,以华中 8 型数控系统为主,分九个综合模块,系统地介绍了数控铣床及铣削的基本知识、操作方法以及各种类型零件的编程方法和加工技能,并配有大量的实训指导,由浅入深地讲解了学生应该掌握的知识点。本书以大量图片为学习导向,采用实际案例并对其进行分析,充分满足职业院校为实现数控技能人才培养目标所制定的技能要求。本书可作为高等职业院校学生参加"1+X"数控车铣加工职业技能等级证书(中级)考试的指导教材,也可作为各类数控培训机构的培训教材,还可作为数控机床操作人员的学习和参考用书。

本书由芦荣担任主编,由张倩、程辉、陈直、杭上钰担任副主编。其中,模块一、模块二、模块三、模块四、模块五由甘肃有色冶金职业技术学院芦荣编写,模块六由甘肃有色冶金职业技术学院程辉编写,模块七由甘肃有色冶金职业技术学院张倩编写,模块八由甘肃有色冶金职业技术学院杭上钰编写,模块九由甘肃有色冶金职业技术学院陈直编写。

各模块的主要内容如下:模块一讲述了数控铣床的安全文明生产及操作;模块二讲述了数控铣削编程的基础知识,包括 XK714 立式数控铣床的常用刀具及附件和 HNC-818B 编程的基本知识;模块三讲述了 XK714 立式数控铣床的操作,包括 HNC-818B 数控装置的基本操作、XK714 对刀操作及参数设置,以及数控加工程序的输入与编辑;模块四讲述了平面图形加工,包括直线图形和圆弧图形的加工方法;模块五讲述了孔加工,包括钻定位中心孔和铣孔;模块六讲述了轮廓加工,包括平面铣削加工、平面外轮廓铣削加工和平面内轮廓铣削加工;模块七讲述了简化编程功能,包括镜像功能、旋转功能和缩放功能;模块八讲述了宏程序及其应用,以大量例题说明了宏程序的编程方法;模块九讲述了自动编程加工,以五角星为例详细说明了 CAXA 自动工程师软件的使用方法。

　　由于笔者水平有限,不足之处在所难免,恳请广大读者和各位教师批评指正。

作　者

2024 年 6 月

目录
CONTENTS

模块一　安全文明生产及操作

内容介绍

　　安全文明生产是指在劳动生产过程中,通过努力改善劳动条件,克服不安全因素,防止事故的发生,同时注重生产环境的整洁与美化,实现安全生产与环境保护的和谐统一。它强调以人为本,关注员工的生命安全和身体健康,同时也关注企业的可持续发展。安全文明生产及操作是企业实现可持续发展的重要保障。通过建立健全安全生产管理制度、加强安全生产教育培训、完善安全生产设施、强化安全生产管理以及推进安全文化建设等措施,可以不断提高企业的安全生产水平和员工的自我保护能力。同时,员工也应自觉遵守安全操作规程和劳动纪律,保持生产现场的整洁和有序,共同营造一个安全、文明、和谐的生产环境。

课程思政

　　有一位石匠,他以精湛的石雕技艺而闻名。然而,他有一个习惯,那就是工作时喜欢赤脚。有一天,他在工作时不小心踩到一块石头,脚受了伤。他的徒弟看到后,劝他以后工作时一定要穿鞋。但他没当回事,认为自己技艺精湛,不会有事。结果,不久后,他在工作时不小心再次受伤,导致生活受到了很大的影响。

心得感悟

　　安全文明生产不仅关乎个人的生命安全和身体健康,也关乎整个团队的安全和健康。只有每个人都遵守安全文明生产的规定和操作规程,才能确保整个团队的安全和健康。

课题一　安全文明生产

安全文明生产是防止伤亡事故、设备事故及各种灾害发生,保障员工安全与健康,保障企业生产正常进行的重要措施。搞好安全生产工作,切实保障人民群众的生命财产安全,体现了最广大人民群众的根本利益,反映了先进生产力的发展要求和先进文化的前进方向。做好安全生产工作是统筹经济社会全面发展的重要内容,是实施可持续发展战略的组成部分。

一、数控铣床的安全文明操作规范

(一)操作前要求

1. 必须按要求穿工作服,否则不许进入车间。
2. 穿工作服时要做到"三紧",即领口紧、袖口紧、衣襟紧。
3. 必须戴安全帽,长发要纳入帽中。
4. 穿耐油、防滑、表面抗砸的鞋。
5. 禁止戴着手套去操作机床。
6. 要进行机械加工时,必须有两人或两人以上在现场。
7. 不允许两人或两人以上同时操作机床。
8. 不允许在机床附近嬉戏打闹,不允许一知半解就操作机床。

(二)操作中要求

1. 数控铣床由指导教师负责管理,任何学员使用该设备及工具、材料等都必须服从管理。未经指导教师同意,不许开动机床。
2. 机床运行期间严禁离开工作岗位做与操作无关的事情。
3. 机床运行时严禁在机床间穿梭。
4. 装夹工件时要保证工件牢牢固定在机用虎钳或工作台上。工作台上不许放置其他物品。安放分度头、虎钳或较重的夹具时,要轻取轻放,以免碰伤台面。
5. 启动机床前应检查是否已将扳手、楔子等工具从机床上拿开。
6. 每次开机后,必须首先进行回机床参考点的操作。加工时,关好防护门。
7. 运行程序前要先对刀,确定工件坐标系原点。对刀后立即修改机床零点偏置参数,以防程序错误运行。

8. 要采用正确的加工速度,严格按照指导教师推荐的速度进行加工。

9. 机床运行中,绝对禁止变速。变速或换刀时,必须保证机床完全停止运行,开关处于"OFF"位置,以防发生事故。

10. 在手动方式下操作机床时,要防止主轴和刀具与机床或夹具相撞。操作机床面板时,只允许单人操作,其他人不得触摸按键。

11. 运行程序进行自动加工前,首先打开模拟界面,进行模拟加工,然后进行机床空运行。空运行时将刀具沿 Z 向提高一个安全高度,观察刀具的运行轨迹是否正确。

12. 自动加工过程中出现紧急情况时,立即按下复位或急停按钮。当显示屏出现报警信号时,要先查明报警原因,然后采取相应措施,待机床取消报警后再进行操作。

13. 拆卸刀具时,要先观察压力表,待气压达到 0.5 MPa 后再执行松刀指令。若刀柄暂时未达到松刀状态,要手持刀柄等待数秒。

14. 操作者离开机床、变换速度、更换刀具、测量尺寸、装夹和调整工件时,都应使机床停止运行。

15. 量具应在固定地点使用和摆放。加工完毕后,应把量具擦拭干净,并涂一层工业凡士林,装入盒内。

16. 禁止用手接触刀尖和铁屑,清除铁屑时必须用铁钩子或毛刷来清理。

(三)操作后要求

1. 不允许采用压缩空气清洗机床、电气柜及 NC 单元(数控单元)。

2. 任何人在使用完机床后,都应把刀具、工具、材料等物品整理好,并做好清洁和日常维护工作。

3. 任何人都必须保持实训场地的清洁,每天下班前 15 min 要清理实训场地。

4. 每天实训结束后,必须做好防火、防盗工作,检查门窗是否关好,相关设备和照明电源的开关是否关好。

二、数控铣床的检查与维护

(一)加工精度的维持

1. 作业前必须暖机,并检查应加油处是否该注油。

2. 作业前必须检查油路是否畅通。

3. 关机时,工作台、鞍座应置于机台中央位置(移动三轴行程至各轴行程中间位置)。

4. 每天作业结束后,应清洁和整理器具。每隔一定的时间要做周期性的机床检查及保养工作。

5. 机台必须保持干燥、清洁。

6. 机台必须远离震动区,地基要稳固。

（二）每日检查与维护

1. 清理工作台上、机台内、三轴伸缩护罩上的铁屑、油污,并喷上防锈油。

2. 主轴锥孔必须保持清洁,加工完毕后用主轴锥孔清洁器擦拭。

3. 清理刀库、刀库座及连杆组,并喷上一些润滑油。

4. 清理铁屑承接滤网上的铁屑。

5. 检查三点组合油杯内的油是否充足,并排净其过滤器内的水分。

6. 检查三轴自动润滑油泵是否当电源接通时即开始工作。

7. 检查三轴自动润滑油是否充足,必要时适量添加。

8. 检查油压单元的油管是否有渗漏现象。

9. 检查切削液是否充足,必要时适量添加;检查切削液冲屑水管是否有渗漏现象。

10. 检查全部信号灯、警示灯是否正常工作。

（三）每周检查与维护

1. 检查刀具拉钉是否松动,刀把是否清洁。

2. 检查主轴锥孔是否清洁,锥度研磨面是否有刮痕（如有刮痕,可能是刀具与主轴锥孔不清洁所引起的）。

3. 检查油压箱里的油是否足够。

4. 检查循环给油、集中给油的油泵是否正常工作。

5. 检查三轴机械原点是否偏移。

6. 清理切削液箱的过滤网。

7. 检查所有散热风扇是否正常工作。

8. 检查刀具换刀臂的动作是否顺滑。

9. 检查刀库、刀盘回转时是否顺滑。

（四）每月检查与维护

1. 清理操作面板、电气箱热交换器网。

2. 检查机台是否水平,检查水平调整螺丝、固定螺帽是否松动。

3. 检查主轴中心与工作台面是否垂直。

4. 检查三轴极限、原点微动开关是否正常。

5. 清洗切削液箱。

6. 检查电气箱内部是否有油污、灰尘进入,必要时进行清理,并查明原因。

(五)每年检查与维护

1. 检查操作面板的按键是否灵敏、正常。

2. 将电气箱、操作箱内所有继电器接点上的积碳用抹布蘸酒精擦拭。

3. 检查平衡锤的链条是否保持正常状态,并涂上润滑油。

4. 清洗切削液箱,并更换同性质的切削液。

5. 清洗油压装置,并更换新油,同时检查所有设定压力是否正常。

三、操作演示

讲完相关理论后,由指导教师上机床操作演示。

四、操作实训

1. 学生按照指导教师所讲的步骤进行机床安全操作。

2. 指导教师巡回指导。

五、实训小结

本课题要求学生掌握机床的日常维护与检查流程,理解操作演示和实训的重要性。通过这一系列的学习,学生应能熟悉机床的各项功能,掌握正确的操作方法,在确保安全生产的同时提高加工效率。同时,通过实训小结,学生需对所学内容进行总结,反馈在操作过程中遇到的问题,以促进技能的不断提升。

课题二　数控铣床基本知识

一、数控铣床概述

数控铣床适合于各种箱体类和板类零件的加工。它的机械结构除基础部件外,还包括主传动系统和进给传动系统,实现工件回转、定位的装置和附件,实现某些部件动作和辅助功能的系统和装置(如液压、气动、冷却等系统和排屑、防护等装置),特殊功能装置(如刀具破损监视、精度检测和监控装置),以及实现自动化控制功能的各种反馈信号装置和元件。铣削加工是机械加工中最常用的加工方法之一,主要用于加工平面和曲面轮廓的零件,还可以加工复杂型面的零件,如凸轮、样板、模具、螺旋槽等,同时也可以对零件进行钻、扩、铰和镗孔加工。

二、数控铣床的基本组成

数控铣床一般由机床基础件、控制部分、驱动部分、辅助部分等组成,见表1-1。

表1-1 数控铣床的基本组成

序号	组成部分	说明	图例
1	机床基础件	通常包括底座、立柱、横梁等,是整个机床的基础和框架	
2	控制部分	是数控铣床运动控制的中心,通过执行数控加工程序控制机床进行加工	
3	驱动部分	是数控铣床执行机构的驱动部件,包括主轴变频电动机和伺服电动机等	

续表

序号	组成部分	说明	图例
4	辅助部分	如液压、气动、润滑、冷却系统和排屑、防护装置等	

三、数控铣床的工作原理

数控铣床又称为 CNC（Computer Numerical Control）铣床，是利用计算机数字控制技术的铣床。操作时，将编好的加工程序输入机床专用的计算机中，再由计算机控制机床各坐标轴的伺服电动机运动，从而控制铣床各部件运动的先后顺序、速度和移动量，并与选定的主轴转速相配合，铣削出形状不同的工件。数控铣床的加工过程如图 1-1 所示。

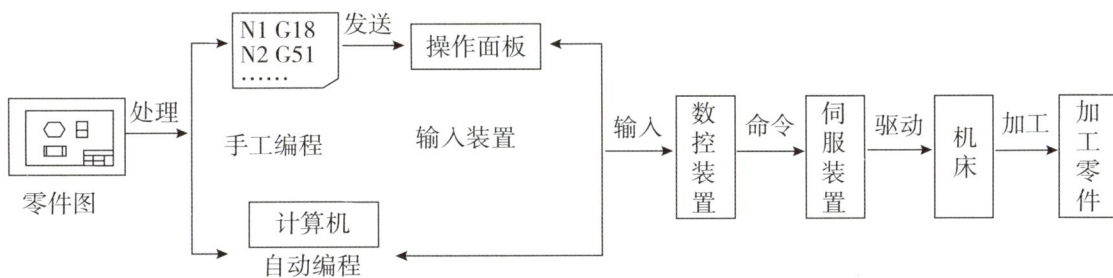

图 1-1　数控铣床的加工过程

四、数控铣床的种类

（一）按主轴位置分类

按机床主轴的布置形式及机床的布局特点分类，数控铣床可分为数控立式铣床、数控卧式铣床和数控龙门铣床等。

1. 数控立式铣床。

目前，数控立式铣床大多是三坐标数控立式铣床，可进行三坐标联动加工。如图 1-2 所示，数控立式铣床的主轴与机床工作台面垂直，工件装夹方便，加工时便于观察，但不便于排屑。一般采用固定式立柱结构，工作台不升降。主轴箱做上下运动，并通过立柱内的重锤平衡主轴箱的质量。为保证机床的刚性，主轴中心线与立柱导轨面的距离不能太大，因此，这种结构主要用于中小尺寸的数控铣床。此外，还有机床主轴可以绕 X、Y、Z 轴中的一个或两个做数控回转运动的四坐标和五坐标数控立式铣床。通常,机床控制的坐标轴越多,尤其是要求联动的坐标轴越多,机床的功能及可选择的加工对象也越多,加工范围也越大。但随之而来的就是机床结构更加复杂,对数控系统的要求更高,编程难度更大,设备的价格也更高。数控立式铣床也可以通过附加数控转盘、采用自动交换台、增加靠模装置等来增加它的功能和扩大加工范围,进一步提高生产效率。

2. 数控卧式铣床。

数控卧式铣床与通用卧式铣床相似,其主轴轴线平行于水平面。如图 1-3 所示,数控卧式铣床的主轴与机床工作台面平行,加工时不便于观察,但排屑顺畅。为了扩充功能和扩大加工范围,一般加配数控回转工作台或万能数控转盘来实现四坐标、五坐标加工,这样不但可以加工出工件侧面上的连续轮廓,而且可以实现在一次安装过程中,通过转盘改变工位,进行"四面加工"。尤其是万能数控转盘可以把工件上各种不同角度的加工面摆成水平面来加工,这样可以省去很多专用夹具或专用角度的成型铣刀。虽然数控卧式铣床在增加了数控转盘后很容易做到对工件进行"四面加工",使其加工范围更广,但制造成本比较高,因此,单纯的数控卧式铣床现在已比较少了,更多的是在配备自动换刀装置(ATC)后成为卧式加工中心。

3. 数控龙门铣床。

大尺寸的数控铣床一般采用对称的双立柱结构,以保证机床的整体刚性和强度,这就是数控龙门铣床。如图 1-4 所示,数控龙门铣床有工作台移动和龙门架移动两种移动形式,主要用于大、中等尺寸,大、中等质量的各种基础大件,以及板件、盘类件、壳体件和模具等多品种零件的加工,在工件一次装夹后可自动高效、高精度地连续完成铣、钻、镗、铰等多种工序的加工,适用于航空、重机、机车、造船、机床、印刷、轻纺和模具等制造行业。

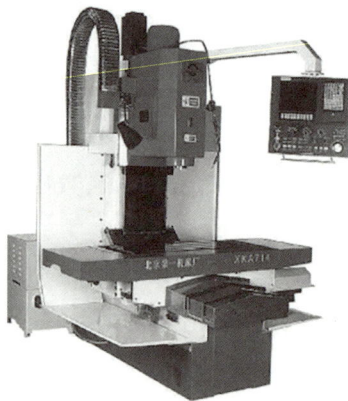

图 1-2　数控立式铣床　　　　图 1-3　数控卧式铣床　　　　图 1-4　数控龙门铣床

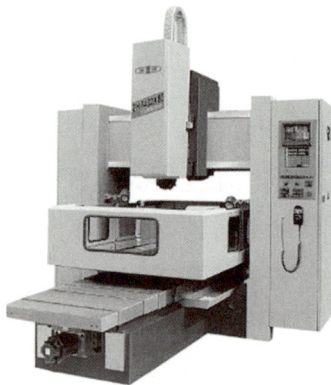

（二）按数控系统的功能分类

按数控系统的功能分类，数控铣床可分为经济型数控铣床、全功能数控铣床和高速数控铣床等。

1. 经济型数控铣床。

经济型数控铣床一般采用经济型数控系统，如 SEMENS802S，它采用开环控制，可以实现三坐标联动，如图 1-5 所示。这种数控铣床成本较低，功能简单，加工精度不高，适用于一般复杂零件的加工，通常有工作台升降式和床身式两种类型。

2. 全功能数控铣床。

全功能数控铣床采用半闭环控制或闭环控制，其数控系统功能丰富，一般可以实现四坐标以上的联动，加工适应性强，应用最广泛，如图 1-6 所示。

3. 高速数控铣床。

高速铣削是数控加工的一个发展方向，技术已经比较成熟，得到了广泛的应用。高速数控铣床采用全新的机床结构、功能部件和功能强大的数控系统，并配以加工性能优越的刀具系统，加工时主轴转速一般在 8000 ～ 40000 r/min，切削进给速度为 10 ～ 30 m/min，可以对大面积的曲面进行高效率、高质量的加工，如图 1-7 所示。目前这种机床价格昂贵，使用成本比较高。

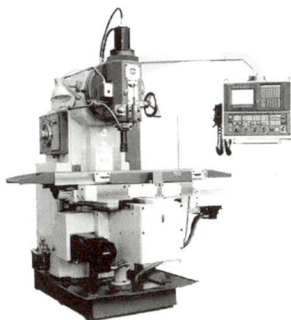

图 1-5　经济型数控铣床　　　图 1-6　全功能数控铣床　　　图 1-7　高速数控铣床

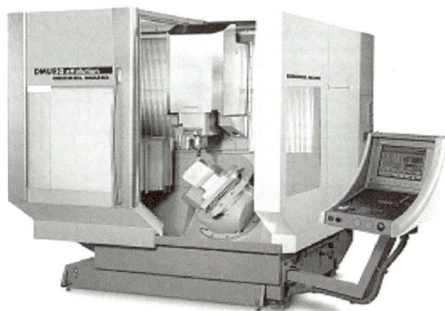

（三）按控制方式分类

按控制方式分类，实际上是根据机床有无检测反馈装置进行分类，据此可分为开环控制系统、半闭环控制系统、闭环控制系统的数控铣床。

1. 开环控制系统的数控铣床。

如图 1-8 所示，这类数控铣床没有反馈装置，适用于精度和速度要求不高的场合。开环控制系统的优点是结构简单，成本低，技术容易掌握，常用于中、小型数控铣床，尤其适用于旧机床改造的简易数控铣床。

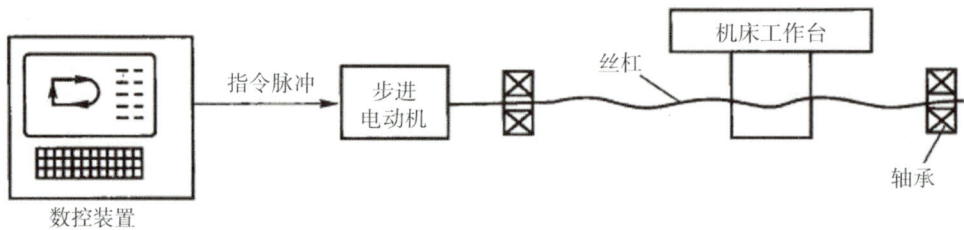

图 1-8 开环控制系统框图

开环控制系统的数控铣床的特点是：受步进电动机的步距精度、工作频率以及传动机构的传动精度影响，速度和精度都较低，但反应速度快，调试方便，稳定性强，维修方便，成本较低。

2.半闭环控制系统的数控铣床。

如图 1-9 所示，半闭环控制系统的数控铣床的检测元件安装在电动机或丝杠的端头。这种数控铣床的闭环路径内不包括机械传动环节，但它采用了如脉冲编码器这样高分辨率的测量元件，因而可获得稳定的控制和较高的精度与速度。半闭环控制系统的数控铣床采用伺服电动机，结构简单，工作稳定，使用、维修方便，目前应用比较广泛。

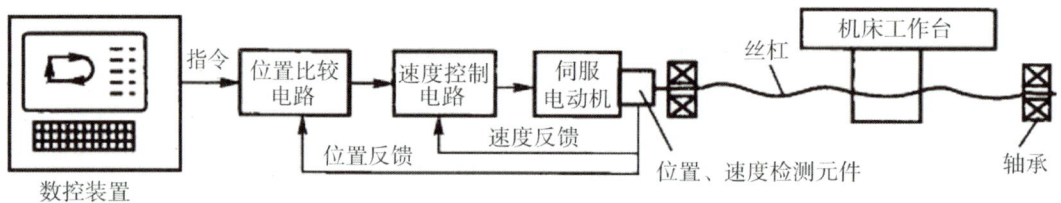

图 1-9 半闭环控制系统框图

半闭环控制系统的数控铣床的特点是：加工精度和稳定性较高，价格适中，调试比较容易。该系统兼顾开环控制系统和闭环控制系统两者的优点。

3.闭环控制系统的数控铣床。

如图 1-10 所示，这类数控铣床在其运动部件上安装了位置检测元件，它不断将检测到的实际位移反馈到数控装置中，与输入的原指令位移值进行比较，直至消除差值，达到精度要求。

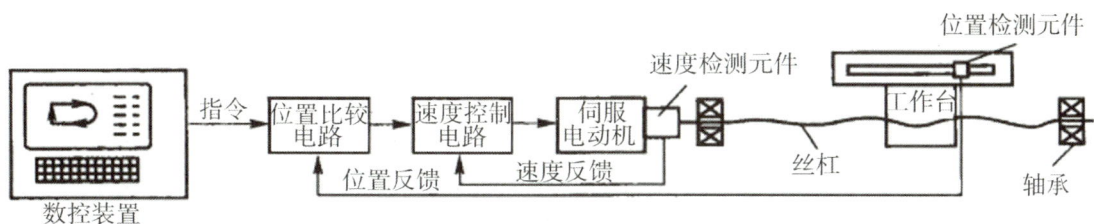

图 1-10　闭环控制系统框图

闭环控制系统的数控铣床的特点是：加工精度高，移动速度快，但结构复杂，调试、维修困难，稳定性难以控制，成本比较高，因此常用于加工精度要求很高的场合。

五、操作实训

1. 学生按照指导教师所讲的步骤绘制急停电路图。

2. 指导教师巡回指导。

六、实训小结

本课题旨在帮助学生深入理解和掌握机床在电气工程领域中的基本工作原理以及相关的控制理论。具体而言，学生需要通过学习，对机床的电气系统有一个全面的认识，包括电动机的工作原理、电源的供给方式、保护装置的功能以及各种电气元件的作用。同时，还需要了解和掌握机床控制系统的运作机制，包括控制模块的构成、信号的传递方式、控制算法的应用以及系统的调节与优化方法。通过这些知识的学习和理解，学生可以熟练地分析和解决机床在电气控制方面的问题，提高自己在工程实践中的技术应用能力。

模块二　数控铣削编程的基础知识

内容介绍

数控铣床是机床设备中广泛应用的加工机床,适合于各种箱体类和板类零件的加工。它可以进行平面铣削、平面型腔铣削、外形轮廓铣削、三维及以上的复杂型面铣削,还可以进行钻削、镗削、螺纹切削等孔加工。

课程思政

古代有一个农夫,他每天都要到山上砍柴。然而,他发现每次用短斧头砍柴非常辛苦,不但需要花费大量的时间和精力,而且效率很低。

有一天,农夫在山上发现了一根长长的木棍,他灵机一动,决定利用这根木棍来改造短斧头。他发现,通过延长斧头的柄,可以轻松地将斧头举起并砍向木头。这个简单的工具让他的砍柴效率大大提高,同时也减轻了他的身体负担。

心得感悟

使用工具可以帮助我们轻松地完成各种任务。通过创造和使用简单的工具,我们可以提高工作效率,减轻身体负担,同时也可以让生活更加便捷和舒适。以上这个故事也强调了创新思维的重要性,只有不断思考和尝试新方法,才能创造出更加实用的工具,找到更好的解决方案。

课题一 XK714 立式数控铣床基础知识

本课题主要引导学生学习 XK714 立式数控铣床(简称"XK714")的基础知识和相关概念,认识该机床的基本加工过程,并努力提高学生学习该部分内容的兴趣,引领学生进入数控铣削技术的学习之中。

▶ 课题学习目标

1. 掌握 XK714 型号的含义。

2. 掌握 XK714 的主要结构,了解其功用。

3. 掌握 XK714 的铣削加工工艺。

4. 了解 XK714 上的切削运动。

5. 了解数控铣床安全文明操作规程和日常维护与保养的相关知识。

▶ 知识学习

一、XK714 型号的含义

铣床的型号主要由表示该铣床所属的机床类别、结构特性、组别和主要参数等的代号组成,如图 2-1 所示。

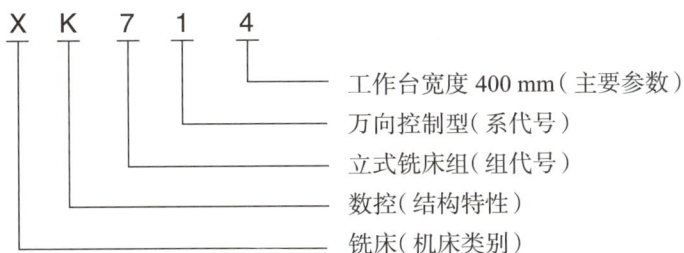

```
X   K   7   1   4
                └── 工作台宽度 400 mm(主要参数)
            └────── 万向控制型(系代号)
        └────────── 立式铣床组(组代号)
    └────────────── 数控(结构特性)
└────────────────── 铣床(机床类别)
```

图 2-1 XK714 型号的含义

XK714 立式数控铣床是一种较为常见的数控铣床,其加工范围广,典型加工零件如图 2-2 所示。

13

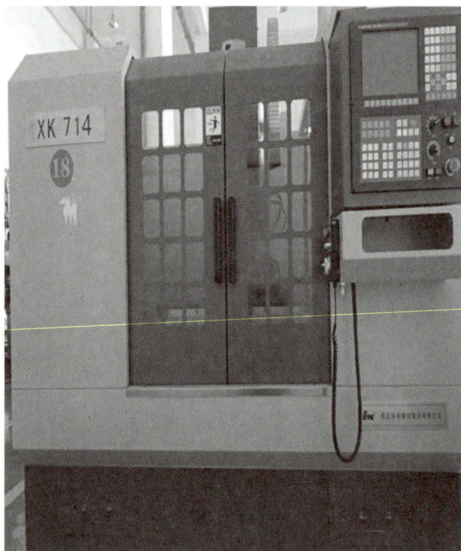

图 2-2　XK714 典型加工零件

二、XK714 的主要结构及其功用

XK714 立式数控铣床如图 2-3 所示。

（a）外观图　　　　　　　　　　（b）内部图

图 2-3　XK714 立式数控铣床

（一）主轴箱

主轴箱主要用于将主传动电动机的转速传递给主轴。

（二）立式主轴

主轴是一根空心轴，与水平面垂直。主轴前端有锥度为 7：24 的锥孔，用于安装铣刀或铣刀刀杆的锥柄。

（三）数控装置

数控装置是数控机床的核心，根据数控指令控制机床的各种操作和刀具与零件的相对位移。

（四）水平工作台

该机床的主要工作台呈水平面布置，开有三条平行的 T 形槽，可借助压板和平口钳等装夹装置安装零件。

（五）冷却管

加工零件时，冷却管将冷却液（油）喷洒于刀具上，用于降低加工区域的温度。

三、XK714 上的切削运动

切削运动是指在切削过程中刀具与零件之间的相对运动，包括主运动和进给运动。

（一）主运动

主运动是指主轴的旋转运动，能够产生主要的切削力。主轴的旋转运动有正转和反转两种。

（二）进给运动

进给运动可以使待加工面连续不断地投入切削加工中。XK714 的进给运动分为两部分：

1. 主轴的进给运动：在主轴的带动下，刀具可实现上、下方向的进给运动。
2. 工作台的进给运动：在工作台的带动下，零件可实现前、后、左、右方向的进给运动。

四、XK714 的铣削加工工艺

XK714 的铣削加工工艺如图 2-4 所示。

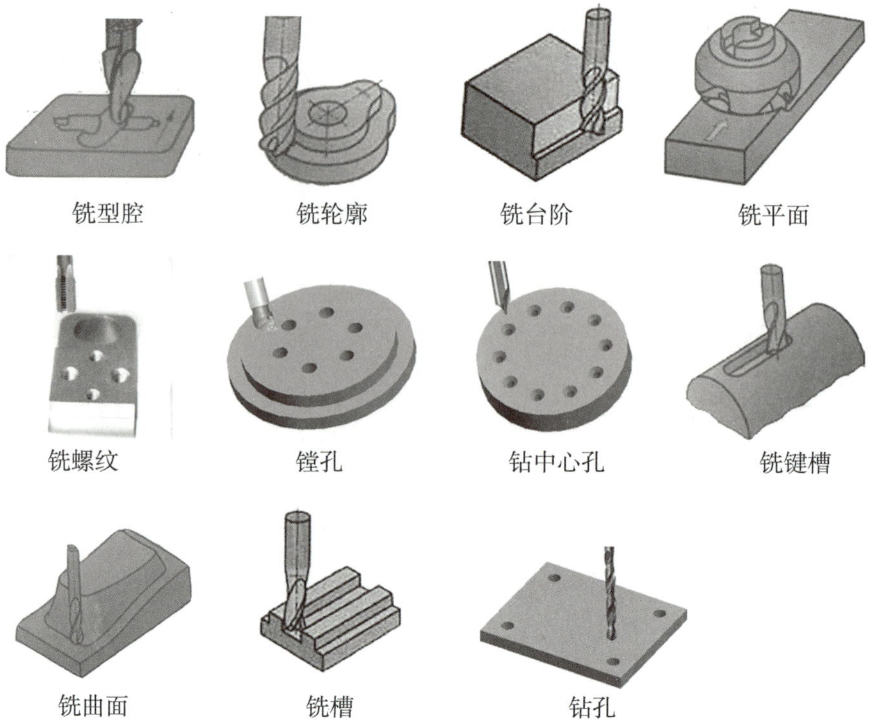

铣型腔　铣轮廓　铣台阶　铣平面

铣螺纹　镗孔　钻中心孔　铣键槽

铣曲面　铣槽　钻孔

图 2-4　XK714 的铣削加工工艺

课题技能实训

实训一　熟悉 XK714 立式数控铣床的组成结构及其功用

实训任务与目标

结合"知识学习"中的相关知识,了解数控铣削的基本内容和数控铣床的主要运动形式,并对比图片,在数控铣床上找到相对应的各组成部分,观察其功用;通过观察数控铣床加工,认识该铣床的基本铣削过程。

实训实施

1. 结合学习的相关知识,观察一台 XK714 立式数控铣床,了解其结构和组成部分,并说出各部分的主要功用。

2. 观察数控铣床的加工过程,分别指出其主运动和进给运动的形式。

3. 观察数控铣床的加工过程,总结数控铣床适用于加工哪种类型的零件及哪些表面。

实训评价

实训结束后,填写实训评分表(见表 2-1)。

表 2-1　实训评分表

实训任务		实训工位		实训时间	
安全确认	1. 确认小组了解安全操作规程 □	小组成员分工	组长:		
	2. 确认工装穿戴整齐、规范 □		成员 1:		
	3. 确认作业现场周围环境安全 □		成员 2:		
	4. 确认数控铣床操作安全 □		成员 3:		
	5. 确认操作时至少 2 人在场 □		成员 4:		
	6. 得到实训指导教师安全确认 □		成员 5:		
操作步骤		操作中遇到的问题		解决办法	
小组总结					
指导教师评价意见			指导教师评价结果	优秀□　良好□ 合格□　不合格□	

实训二　掌握数控铣床安全文明操作规程

实训任务与目标

通过学习和实训,熟练掌握数控铣床安全文明操作规程,严格遵守、执行,并将其贯穿于整个实训加工过程中。

实训实施

1. 实训指导教师重点强调数控铣床安全文明操作规程。

2. 实训指导教师演示工作服、工作帽、工作鞋及防护眼镜等防护用品的穿戴要领和注意事项(尤其是长发的学生需要注意的方面)。

3. 实训指导教师按照所讲的数控铣床安全文明操作规程,对比数控铣床详细讲解操作时的相关知识。

4. 学生按照实训指导教师的讲解和示范进行训练。

5. 实训指导教师巡查学生掌握安全文明操作规程的情况。

实训评价

实训结束后,填写实训评分表(见表2-1)。

实训三　掌握 XK714 立式数控铣床的日常维护与保养

实训任务与目标

通过学习和实训,熟练掌握 XK714 立式数控铣床的日常维护与保养,严格遵守、执行,并将其贯穿于整个实训加工过程中。

实训实施

1. 实训指导教师重点强调 XK714 立式数控铣床日常维护与保养的意义和相关知识。

2. 实训指导教师演示日常维护与保养的方法和部位。

3. 学生按照实训指导教师的讲解和示范进行训练。

4. 实训指导教师巡查学生掌握所学习的 XK714 立式数控铣床的日常维护与保养知识的情况。

实训评价

实训结束后,填写实训评分表(见表2-1)。

课题练习

一、理论部分

1. 解释 XK714 型号中各部分的含义。

2. XK714 的主要结构和组成部分有哪些? 各部分的功用是什么? 其切削运动的组成有哪些?

3. 简述 XK714 的铣削加工工艺。

4. 你认为如何才能更行之有效地进行安全文明教育? 我们应如何避免安全事故的发生?

二、实训部分

1. 指出 XK714 的主要结构和组成部分的名称,并简述其功用和切削运动的组成。

2. 熟练掌握数控铣床安全文明操作规程和日常维护与保养的相关知识。

课题二　XK714 立式数控铣床常用刀具及附件

本课题主要引导学生学习 XK714 立式数控铣床常用刀具及附件的相关知识,主要包括刀具的种类、特点、用途、选用以及平口钳、平垫铁和卸刀座等的使用方法。本课题意在让学生通过学习和实训,学会根据加工内容合理选用加工刀具,学会手动装拆刀具和使用常用附件。

➡ 课题学习目标

1. 了解 XK714 立式数控铣床常用刀具的种类、特点和用途。

2. 了解刀具材料应具备的性能。

3. 初步掌握根据加工内容和要求合理选用刀具的方法。

4. 了解常用附件的相关知识。

➡ 知识学习

一、刀具材料的基本知识

（一）刀具材料的基本性能

刀具材料是指刀具切削部分的材料。合理选择刀具材料会影响切削加工生产率、刀具耐用度、刀具消耗、加工成本、加工精度和表面质量等。

刀具是在较大的切削力下切削金属零件的工具,并且与工件加工表面和切屑不断地发生剧烈摩擦,会产生较高的切削温度;另外,切削加工中存在断续切削,故刀具还要承受冲击、振动。因此,刀具切削部分的材料应具备以下基本性能:

1. 较高的硬度和耐磨性。

刀具材料的硬度要高于被加工材料的硬度,切削刃的硬度一般在 HRC60 以上。耐磨性是指材料的抗磨损能力。一般刀具材料的硬度越高,耐磨性越好。

2. 足够的强度与韧性。

刀具材料的抗冲击能力要强，要承受各种应力而不崩刃、折断。该性能一般与硬度、耐磨性相矛盾。

3. 较高的耐热性与化学稳定性。

耐热性也叫红硬性、热硬性，是指高温下保持材料硬度、耐磨性、强度和韧性的性能。耐热性越好，切削速度可以越高。耐热性是衡量刀具材料切削性能的主要指标。化学稳定性也叫热稳定性，是指高温下抗氧化，不与工件材料和介质发生化学反应的性能。化学稳定性越好，刀具磨损得越慢，所加工零件的表面质量越好。

4. 良好的工艺性和经济性。

刀具应易于制造并且成本较低。

（二）常用刀具材料的种类

常用刀具材料主要有工具钢、高速钢和硬质合金等，其中应用较广泛的为高速钢和硬质合金。

1. 工具钢。

工具钢分为碳素工具钢和合金工具钢两种。

（1）碳素工具钢：含碳量在 0.7% 以上，常见牌号有 T10A、T12A。"T"为牌号名，表示碳素工具钢；其后数字表示平均含碳量的千分数，如"10"表示含碳量为 10‰，即 1%；"A"表示高级优质钢。

（2）合金工具钢：为了提高钢的性能，有意识地在碳素钢中加入一定量的合金元素（如硅 Si、锰 Mn、铬 Cr、镍 Ni、钼 Mo、钒 V、钛 Ti 等），即构成合金工具钢。其中，用于制造各种刀具的合金工具钢为刃具钢，通常为低合金刃具钢。

低合金刃具钢主要是含铬的钢，常用的牌号有 9SiCr、9Cr2 等。这两种工具钢因耐热性较差，通常仅用于制作手工工具和切削速度较低的刀具，如丝锥、板牙和铰刀等。

2. 高速钢。

高速钢又称锋钢、风钢、白钢，是一种含钨、铬、钒等合金元素较多的合金工具钢，含碳量在 1% 左右。高速钢的综合性能较好，具有较高的耐热性、强度、韧性及耐磨性，但耐热性和硬度不如硬质合金，特别是在高温环境下保持硬度的能力较弱，这在一定程度上限制了其使用范围。用高速钢制作的刀具，在切削加工时一般需要加注切削液来降温。高速钢目前是制造麻花钻、铣刀、铰刀和螺纹刀等复杂形状刀具的主要材料，常用来制造整体式刀具，这种刀具适合于加工冲击性较大的工件。常用牌号有 W18Cr4V（T1）和 W6Mo5CrV2（M2）。常见高速钢整体式刀具如图 2-5 所示。

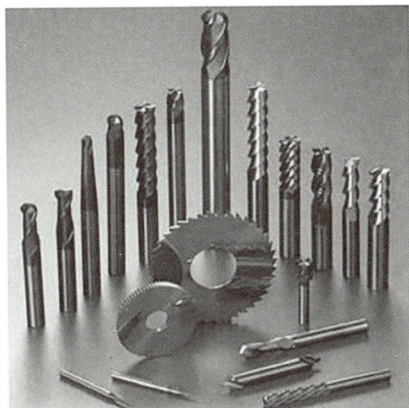

图 2-5　高速钢整体式刀具

3. 硬质合金。

硬质合金是一种主要由不同的碳化物和金属黏结剂组成的粉末冶金产品。其主要碳化物有碳化钨（WC）、碳化钛（TiC）、碳化钽（TaC）和碳化铌（NbC）等。在大部分情况下，钴作为金属黏结剂使用。

硬质合金具有硬度高、耐磨性高和耐热性高等特性，允许使用的切削速度要比高速钢高很多。但是硬质合金的抗弯强度低，冲击韧性差，因此不能承受较大的冲击。硬质合金刀具通常采用刀头部分为硬质合金材料，刀杆部分为刚性较好的其他金属材料的机夹式或焊接式结构，有的也采用整体式结构。常见硬质合金刀具如图 2-6 所示。

图 2-6　硬质合金刀具

硬质合金的牌号分为以下几种：

（1）K 类硬质合金（旧牌号 YG 类，即钨钴类）。

这类合金是适宜加工短切屑的脆性金属和有色金属材料，如灰铸铁、耐热合金、铜铝合金等。它以红色作为标志，其牌号有 K01、K10、K20、K30、K40 等。精加工可用 K01，半精加工可用 K10、K20，粗加工可用 K30、K40。

（2）P 类硬质合金（旧牌号 YT 类，即钨钛钴类）。

这类合金是适宜加工长切屑的塑性金属材料，如普通碳钢、合金钢等。它以蓝色作为标志,其牌号有 P01、P10、P20、P30、P40 等。精加工可用 P01,半精加工可用 P10、P20,粗加工可用 P30、P40。

（3）M 类硬质合金［旧牌号 YW 类,即钨钛钽（铌）钴类］。

这类合金是具有较好的综合切削性能,适宜加工长切屑或短切屑的黑色金属材料,如普通碳钢、铸钢、冷硬铸铁、不锈钢、耐热钢、高锰钢、有色金属等。它以黄色作为标志,其牌号有 M10、M20、M30、M40 等。精加工可用 M10,半精加工可用 M20,粗加工可用 M30、M40。

二、XK714 常用刀具的相关知识

根据所使用的刀具种类及加工方式,XK714 常用刀具可分为铣削刀具、钻削刀具和镗削刀具三大类。

（一）铣削刀具

XK714 常用铣削刀具如图 2-7 所示。

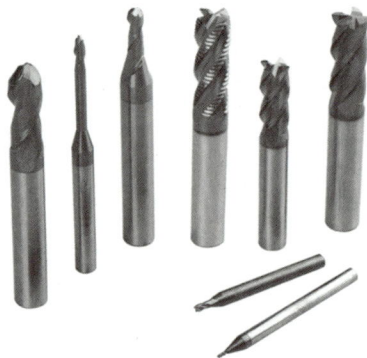

图 2-7　XK714 常用铣削刀具

1. 端铣刀。

端铣刀一般为机夹式硬质合金刀具,如图 2-8 所示。

图 2-8　端铣刀

端铣刀的主切削刃分布在圆柱或圆锥表面,端面切削刃为副切削刃,其在加工时的轴线垂直于被加工表面。

端铣刀主要用于加工平面和台阶面,特别适合于较大平面的加工。主偏角为 90° 的端铣刀可铣底部较宽的台阶面,如图 2-9 所示。用端铣刀加工平面,同时参与切削的刀齿较多,又有副切削刃的修光作用,使得被加工零件的表面粗糙度较小,加工精度较高。

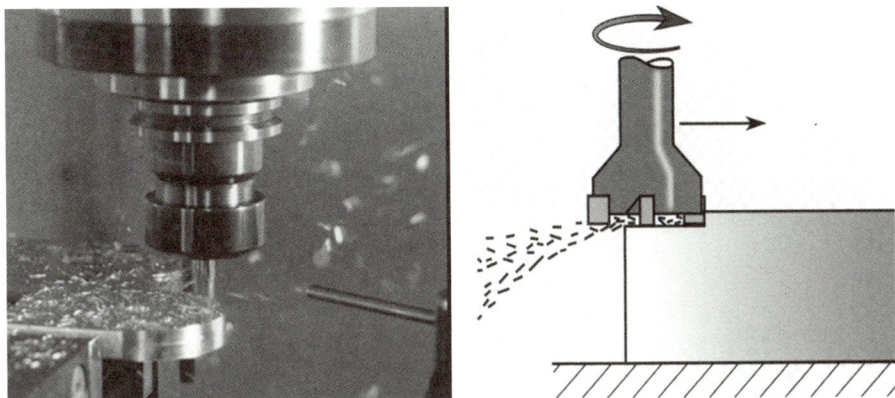

图 2-9 端铣刀加工平面

端铣刀的直径已标准化,常用的直径有 50 mm、63 mm、80 mm、100 mm、125 mm、160 mm、200 mm、250 mm、315 mm、400 mm、500 mm 等。粗铣时,因切削力较大,故选择直径较小的端铣刀,以增加刀具的刚性;精铣时,所选择的铣刀直径应尽可能覆盖工件的加工宽度,以提高加工精度、表面质量和加工效率。同一直径端铣刀的齿数有粗、中、细之分:粗齿端铣刀适用于粗加工软材料,如钢件;中齿端铣刀适用范围较广;细齿端铣刀适用于铸铁、合金钢的半精加工和精加工。

2. 立铣刀。

立铣刀是铣削中最常用的一种铣刀,如图 2-10 所示。

(a)高速钢立铣刀　　(b)硬质合金整体式立铣刀　　(c)机夹式立铣刀

图 2-10 立铣刀

立铣刀的主切削刃在圆柱侧面上,端面上的切削刃为副切削刃,主要起修光作用。立铣刀中心处一般无切削刃,因此立铣刀不能做轴向进给运动,只能做侧向进给运动。为了增大容屑空间,防止切屑堵塞,立铣刀的刀齿数较少。一般粗齿立铣刀的齿数为 3 或 4,细齿立铣刀的齿数为 5 ～ 8。

立铣刀的用途很广泛,可用于加工窄平面、侧面、台阶面、内外加工轮廓的平面与曲面,以及孔,如图 2-11 所示。

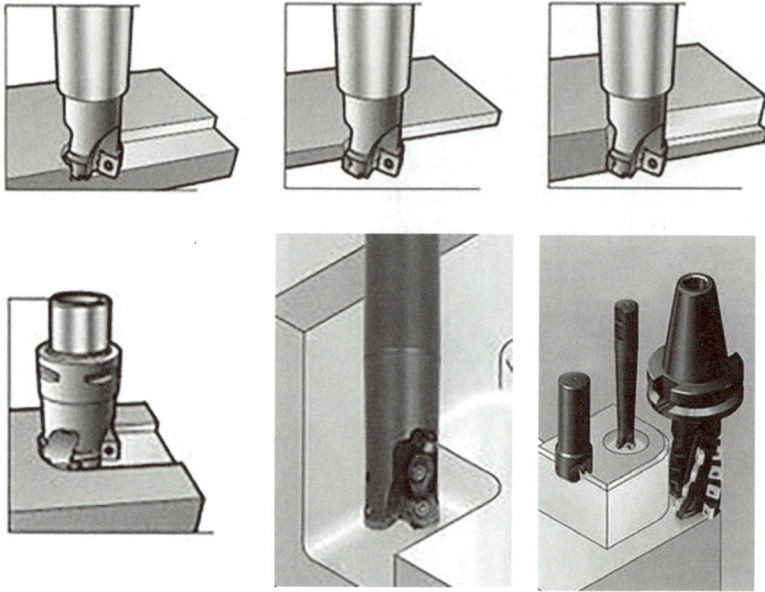

图 2-11　立铣刀的用途

立铣刀的主要规格包括刃径(D)、刃长(L_1)、柄径(d)等,如图 2-12 和表 2-2 所示。

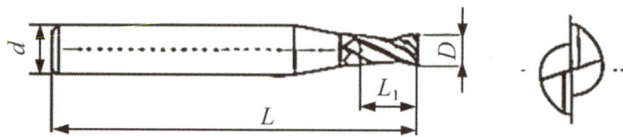

图 2-12　立铣刀的规格

表 2-2　立铣刀主要规格表

刃径 D/mm	刀尖圆弧半径 R/mm	柄径 d/mm	刃长 L_1/mm	全长 L/mm	刃数
1	0.2	4	3	50	4
1.5	0.2	4	5	50	4
2	0.2	4	6	50	4
3	0.2	4	9	50	4
3	0.5	4	9	50	4
4	0.5	4	11	50	4
4	1	4	11	50	4
6	0.5	6	16	50	4
6	1	6	16	50	4
8	0.5	8	20	60	4
8	1	8	20	60	4
10	0.5	10	25	75	4
10	1	10	25	75	4
12	0.5	12	30	75	4
12	1	13	30	75	4

3. 键槽铣刀。

键槽铣刀如图 2-13 所示。它的外形与立铣刀相似,不同的是,它在圆周上只有两个螺旋刀齿,其端面刀齿的刀刃延伸至中心,既像立铣刀,又像钻头。在加工两端不通的键槽时,先轴向进给至槽深,然后沿键槽方向铣出键槽全长。键槽铣刀主要用于加工封闭的圆头键槽。

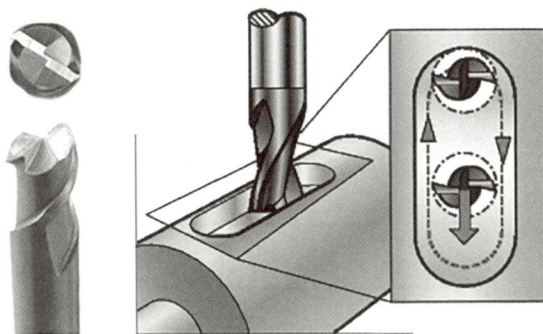

图 2-13　键槽铣刀及加工

键槽铣刀的主要规格包括刃径(D)、刃长(L_1)等,如图 2-14 和表 2-3 所示。

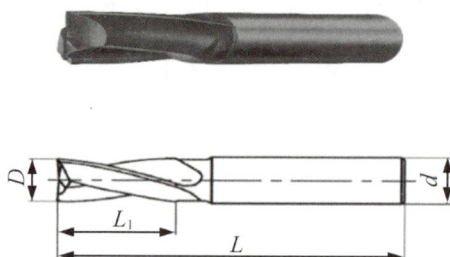

图 2-14 键槽铣刀的规格

表 2-3 键槽铣刀主要规格表

刃径 D/mm	刃长 L_1/mm	全长 L/mm	柄径 d/mm
3	8	52	6
3.5	10	54	6

4. 球头铣刀。

球头铣刀如图 2-15 所示,其端部为球形,用于铣削各种曲面、圆弧沟槽。

图 2-15 球头铣刀及加工

球头铣刀的加工部位为球头部分,其主要规格包括球头直径(D)、刃长(L_1)等,如图 2-16 和表 2-4 所示。

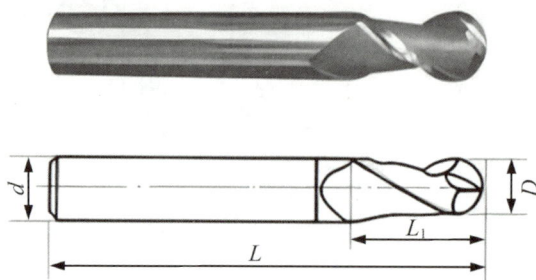

图 2-16 球头铣刀的规格

表 2-4　球头铣刀主要规格表

柄径 d/mm	球头直径 D/mm	刃长 L_1/mm	全长 L/mm
8	7	11	35
10	9	11	35

（二）钻削刀具

XK714 立式数控铣床上使用的钻削刀具主要包括中心钻、麻花钻和机用丝锥三种。

1. 中心钻。

中心钻的结构如图 2-17 所示，切削刃前端为锥顶角是 120° 的导向锥，中间为圆柱螺旋刀刃，尾端为 60° 锥形切削刃。其主要应用于加工定位中心孔，安排在钻孔加工之前，便于找正孔的中心。加工时，刀具做轴向进给，钻中心孔的深度为 60° 锥形切削刃的 2/3 处。

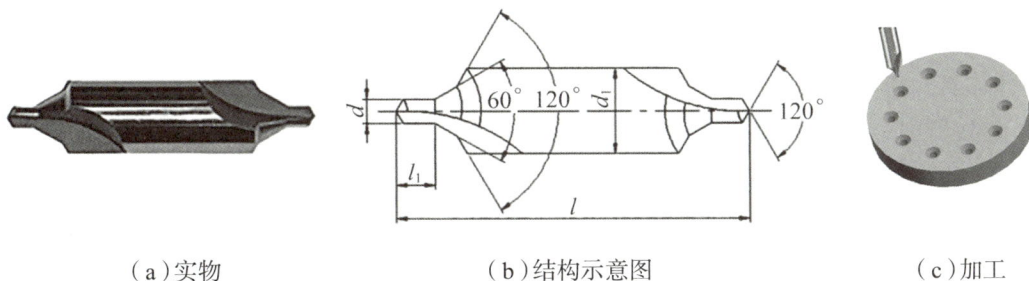

（a）实物　　　　　　（b）结构示意图　　　　　　（c）加工

图 2-17　中心钻的结构及加工

2. 麻花钻。

麻花钻的结构如图 2-18 所示。切削部分包括横刃和两个主切削刃，起主要的切削作用；两个主切削刃之间是螺旋槽，起排屑和输送冷却液的作用。其用途是加工孔，加工时，刀具做轴向进给，钻孔精度较低。

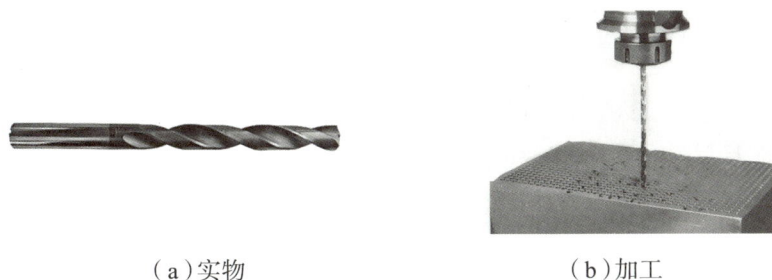

（a）实物　　　　　　　　　（b）加工

图 2-18　麻花钻的结构及加工

（c）结构示意图

（d）工作部分示意图　　　（e）切削部分左视图

图 2-18　麻花钻的结构及加工（续）

3. 机用丝锥。

机用丝锥的结构如图 2-19 所示。机用丝锥常用于加工螺母或零件上的普通内螺纹（即攻丝）。攻丝时，丝锥正转并做轴向进给；攻丝至要求孔深后，丝锥反转退出，完成加工。

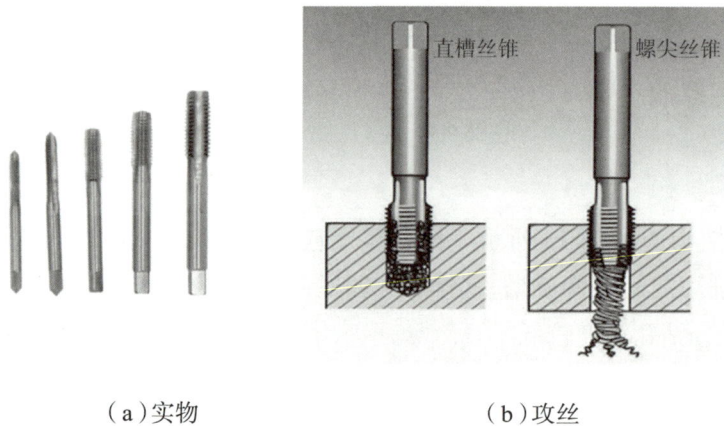

（a）实物　　　　　　　　（b）攻丝

图 2-19　丝锥的结构及攻丝

（三）镗削刀具

如图 2-20 所示，镗削所使用的刀具称为镗刀，一般可分为单刃镗刀和双刃镗刀。镗刀主要应用于对已加工的孔进行精加工。加工时，镗刀正转并做轴向进给。

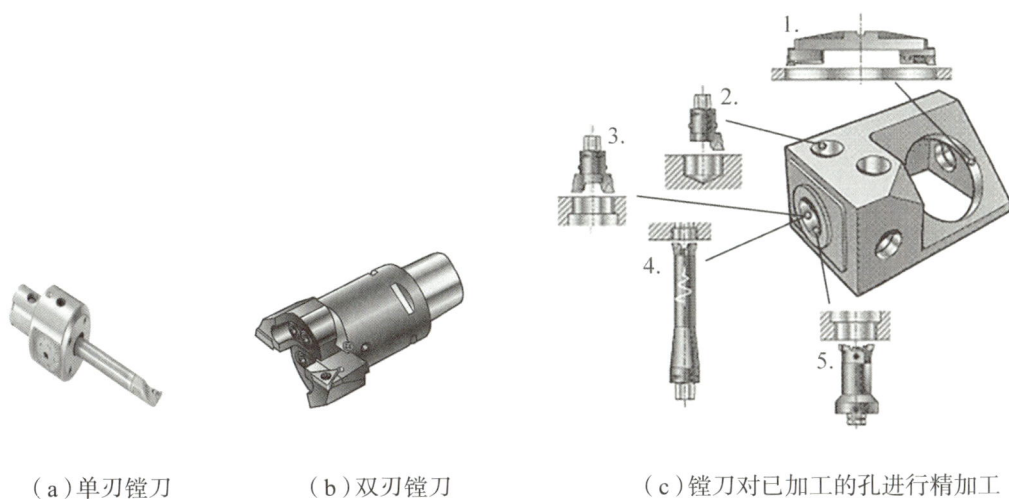

（a）单刃镗刀　　　（b）双刃镗刀　　　（c）镗刀对已加工的孔进行精加工

图 2-20　镗刀及镗削加工

三、XK714 常用附件

（一）机用平口钳

机用平口钳的结构如图 2-21 所示,它是一种通用夹具,适用于中、小尺寸和形状规则的工件安装。安装工件时,依靠两个平行的钳口夹紧工件。

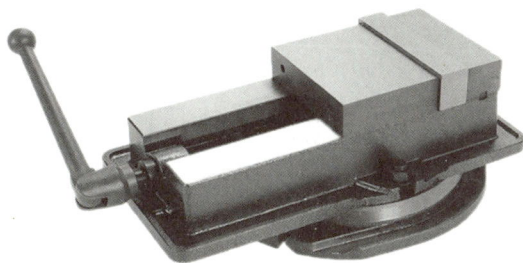

图 2-21　机用平口钳的结构

（二）平垫铁

如图 2-22 所示,平垫铁为长方体形状,一套中包含多组,每组为两个。平垫铁常在平口钳上使用,主要用于垫高工件。

图 2-22　平垫铁

（三）压板

对于大、中型工件，多采用螺栓、压板直接将其装夹在工作台面上，如图 2-23 所示。

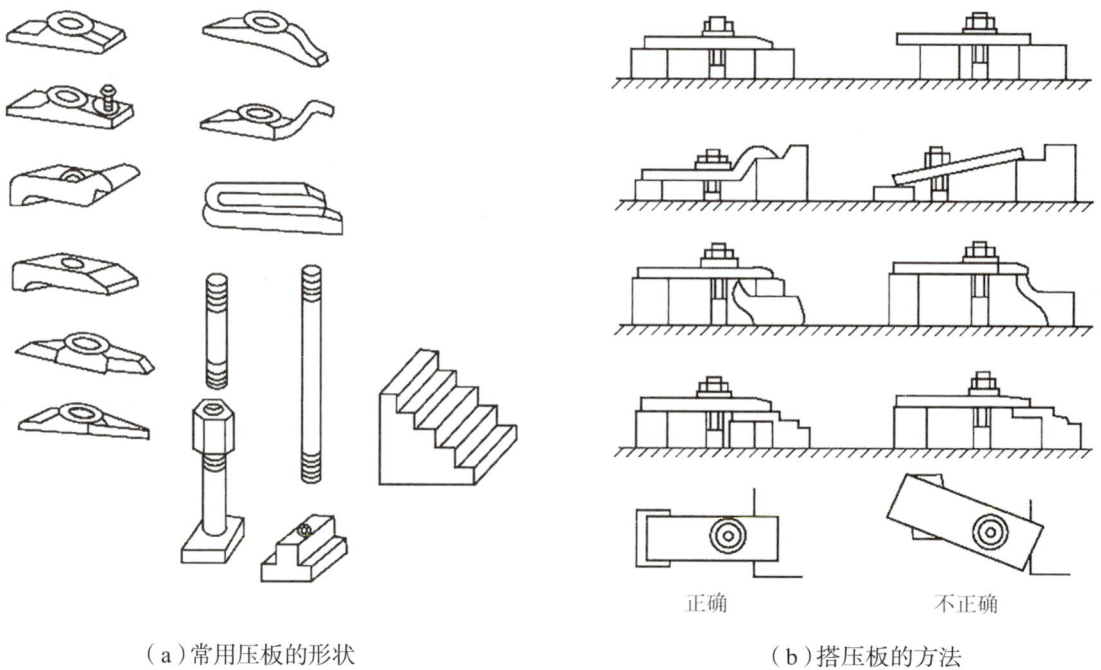

（a）常用压板的形状　　　　　　　　　　（b）搭压板的方法

图 2-23　压板的形状及使用方法

（四）弹簧夹头刀柄

刀柄的种类有很多，XK714 常用的刀柄为弹簧夹头刀柄，主要用于铣刀、麻花钻、丝锥等直柄刀具及工具的装夹，其结构和特点如图 2-24 所示。

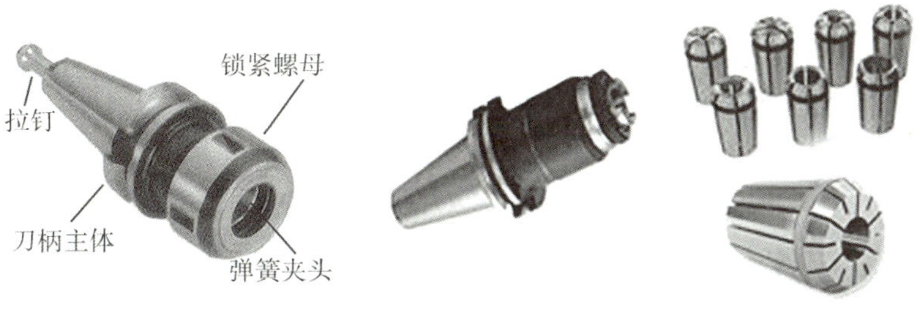

（a）刀柄的整体结构　　（b）刀柄主体　　（c）弹簧夹头

（d）锁紧螺母　　（e）拉钉　　（f）刀扳手　　（g）装好刀具的刀柄

图 2-24　弹簧夹头刀柄的结构

1. 刀柄主体。

刀柄主体的结构如图 2-24（b）所示，前端内部为 7∶24 的锥孔，用于安装弹簧夹头；前端外部为螺纹，用于安装锁紧螺母；尾端开有圆柱螺纹孔，通过拉钉将刀柄安装在机床主轴上。

2. 弹簧夹头。

弹簧夹头的结构如图 2-24（c）所示，一般七八个为一套，每个弹簧夹头除中间孔直径不一外，其他尺寸完全一致。其中间孔为圆柱孔，直径规格为 4 mm、5 mm、6 mm、8 mm、10 mm、12 mm、14 mm、16 mm，用于安装不同直径的刀具柄部；外部前端带有锥度，可卡在锁紧螺母中，后端为 7∶24 的锥体，可安装于刀柄的锥孔中。整个夹头均匀地开有槽，像弹簧一样，具有一定的伸缩性，其弹性变形量为 1 mm。

3. 锁紧螺母。

锁紧螺母如图 2-24（d）所示，其作用是将弹簧夹头固定于刀柄上。

4. 拉钉。

拉钉如图 2-24（e）所示，其作用是将刀柄安装在机床主轴上。

5. 刀扳手。

刀扳手如图 2-24（f）所示，常用于在刀柄上装拆锁紧螺母。

装好刀具的刀柄如图 2-24（g）所示。

（五）锁刀座

锁刀座的结构如图 2-25 所示，其用途是固定刀柄，并通过刀扳手装拆锁紧螺母，从而实现刀具的安装与拆卸。

图 2-25　锁刀座

四、刀具的维护与保养

刀具形状复杂，精度较高，制造与维护成本较高，因此在使用过程中应做到合理维护与保养。

1. 为保证加工精度，刀具切削刃必须保持完整与锋利。在安装、拆卸和放置时，应注意保护好刀刃，避免刀刃与金属等硬材料接触。

2. 刀具装夹部位精度较高，也应注意保护，使用后应将刀具按要求放置在规定刀架或放置车（如图 2-26 所示）中，禁止对刀具进行敲击或将其作为其他工具使用。

3. 刀具使用完毕，应及时清理残留切削液和切屑，以防止刀具表面氧化生锈，影响精度；对长期不用的刀具，应涂覆防锈油加以保护。

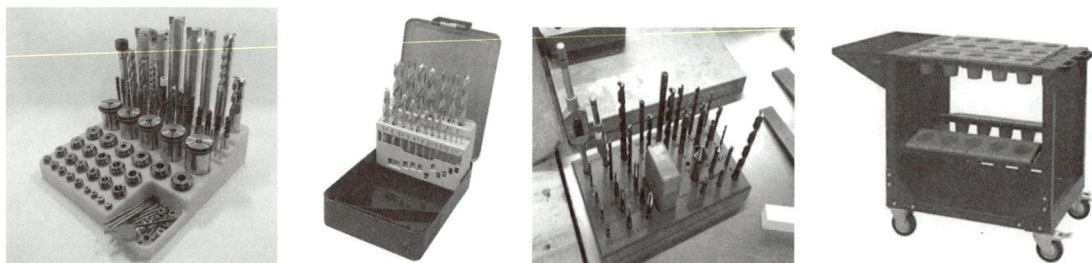

图 2-26　刀具、工具放置车和刀架

课题技能实训

实训一 识别 XK714 常用刀具

实训任务与目标

结合学习的刀具的相关知识,通过实训了解和掌握常用的刀具材料及其性能、用途和种类。

实训实施

根据图 2-27 所示的 XK714 常用刀具,完成以下实训内容:

1. 了解刀具材料的基本性能、刀具的主要材料和用途,并识别刀具实体的材料。

2. 识别 XK714 的各种常用刀具,并说明各种刀具的特点。

3. 指出各种刀具的加工用途。

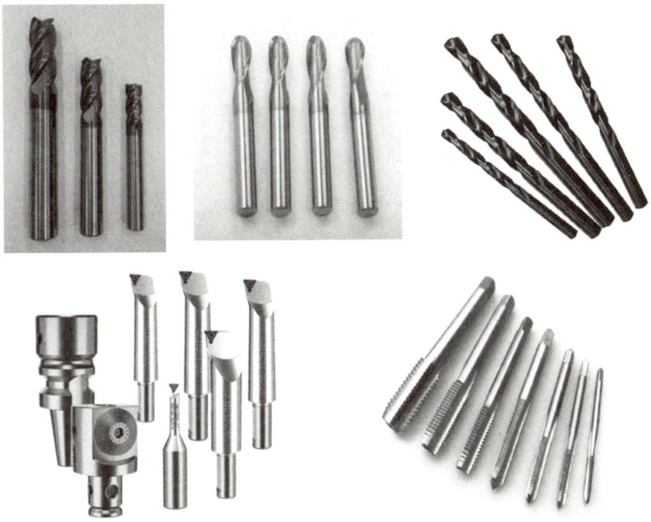

图 2-27 XK714 常用刀具

实训评价

实训结束后,填写实训评分表(见表 2-1)。

实训二 学会根据零件加工要求选择合理的刀具

实训任务与目标

根据图 2-28 所示的零件图,学会分析其加工要求,并掌握正确选择刀具的方法。

实训实施

零件图中包含的零件材料、形状、结构、相关尺寸和技术要求等信息,是合理选择刀具的重要依据。正确选择刀具,不仅能保证零件的加工精度,提高加工效率,而且能延长刀具的使用寿命和有效地保护机床。分析图 2-28 所示的零件图,可知该零件为一个 130 mm×100 mm×30 mm(若无特别说明,本书图中尺寸以毫米为单位)的长方体,其加工部位为:

1. 零件上下表面。

2. 宽 70 mm,高 10 mm,长度方向两端为半径 60 mm 凹弧的外轮廓。

3. 长 65 mm,宽 65 mm,高 15 mm,四周以半径 10 mm 圆角过渡的内轮廓。

4. 零件中心直径 25 mm 的通孔和零件四周 4 个直径 10 mm 的孔。

通过以上分析,对各加工部位选择合理的加工刀具。

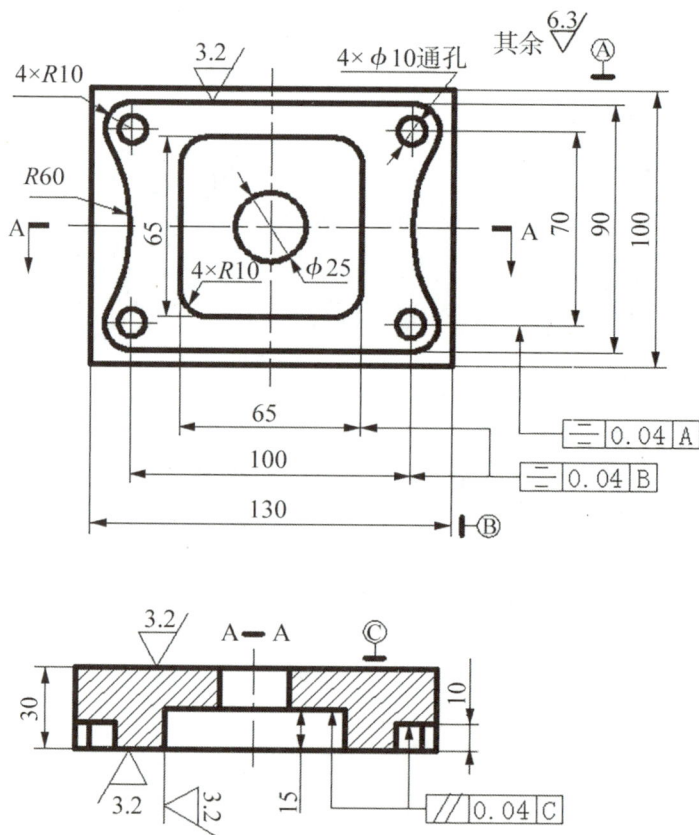

图 2-28　零件图

实训评价

实训结束后,填写实训评分表(见表 2-1)。

实训三　掌握 XK714 上刀具和工件的正确装夹方法

实训任务与目标

在前面相关知识学习的基础上,通过本次实训,熟练掌握刀具和工件的装夹方法,以及机床上相关附件的正确使用方法。

实训实施

1. 刀柄的组装与刀具的装夹。

（1）组装刀柄时,应注意正确的装夹顺序,先将弹簧夹头装入锁紧螺母中,再将刀具装入弹簧夹头的中间孔内,最后将锁紧螺母旋入刀柄主体上。

（2）刀具伸出长度应尽可能短,但刀具装入弹簧夹头的部分不应超过刀具的柄部。

（3）将组装好的刀柄放在锁刀座上进行紧固,紧固时一只手握紧刀扳手,另一只手握住刀柄。

（4）把紧固好的刀柄安装到铣床主轴上去。

2. 工件的装夹。

工件应装夹于平口钳的两钳口之间,工件上表面应高于平口钳的钳口表面。工件高度不够时,可用平垫铁垫高工件。工件高度一般为加工轮廓的高度与安全高度（2～5 mm）之和。

3. 刀具的维护与保养。

加工中和加工结束后,刀具应按照图 2-26 和我们学习的相关要求进行处理。

4. 注意事项。

用扳手装拆刀具和工件时,双腿叉开一个肩宽站立,使重心降于两腿之间,切记不可身体前倾将力压在胳膊上使劲,以免滑脱造成意外；用力要均匀,紧固时感觉到手上使劲即可,不可用力过大,更不可使用加力杆。

实训评价

实训结束后,填写实训评分表（见表 2-1）。

➡ 课题练习

一、理论部分

1. 刀具切削部分的材料对加工有何影响？其应具备的基本性能包括哪些方面？

2. 常用的刀具材料有哪几种？各种刀具材料有哪些性能及应用？

3. XK714 常用的刀具有哪些种类？其用途分别是什么？

二、实训部分

1. 识别 XK714 的各种常用刀具实体的材料,说明各种刀具的特点及加工用途。

2. 根据图 2-29 所示的零件图,分析其加工要求,选择合理的加工刀具。

3. 训练 XK714 上刀具的装拆技能,直到能够熟练掌握。

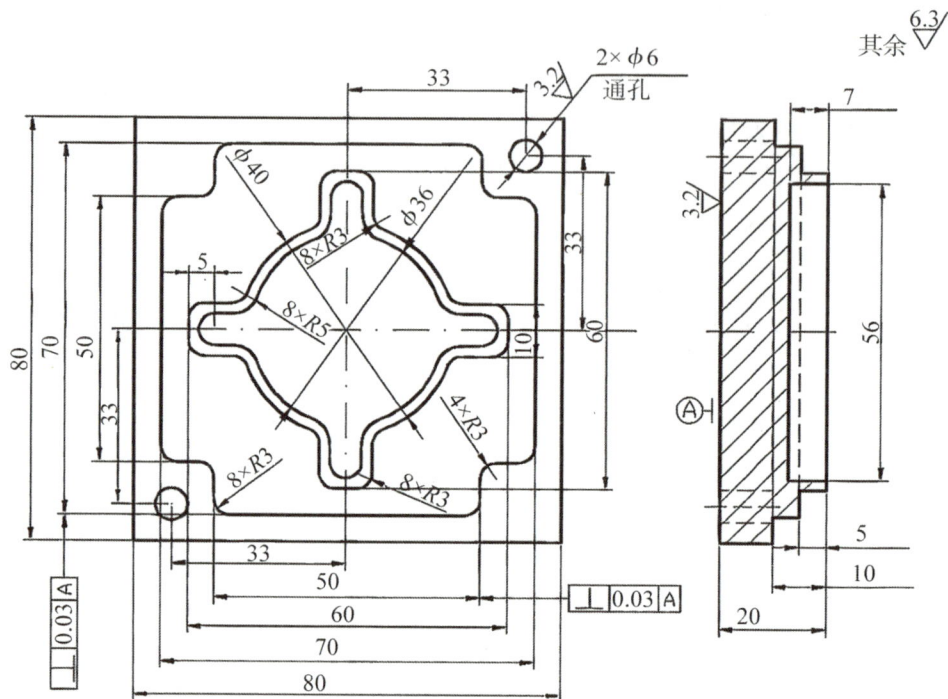

图 2-29 零件图

课题三 HNC-818B 编程的基本知识

本课题主要学习 HNC-818B 铣削数控系统编程的基本知识,包括坐标轴的规定、坐标系建立的原则、数控铣床的坐标系、编程的主要内容和步骤,以及坐标值的计算方法等方面。

➡ 课题学习目标

1. 了解手工编程的基本知识。

2. 掌握坐标轴的规定和坐标系建立的原则,熟悉两种坐标系。

3. 掌握编程的主要内容和步骤。

4.掌握编程坐标点（基点）的计算方法。

🔗 知识学习

一、编程的基本知识

数控机床与普通机床最大的区别在于：普通机床的整个加工过程是依靠手动操作完成的；而数控机床的主要加工过程是依靠编制的加工程序，由数控装置自动控制完成的。

编制加工程序（即编程）反映了零件主要加工过程的信息，例如主轴的控制及转速、刀具与工件的相对运动（加工轨迹）与进给速度、加工工艺参数和辅助开关的动作等，将这些信息按照规定的格式进行编制并输入数控装置中，从而使数控机床进行自动加工。

编程的方法主要有手工编程和自动编程两种。

（一）手工编程

整个加工程序的编制都由人工完成，这种编程方法称为手工编程。该方法适用于形状简单、无须进行复杂计算、加工程序较短的零件的编程加工。

（二）自动编程

根据零件图和相关要求，使用有关 CAD/CAM（计算机辅助制造／计算机辅助设计）软件（如 Mastercam、CAXA、UG 等），先用 CAD 功能进行造型，然后用 CAM 功能生成刀具的加工路径，最后生成 NC 代码（即加工程序）并将其传输到数控机床，完成自动加工。该方法适用于形状复杂、计算烦琐、加工程序较长的零件的编程加工。

二、手工编程的内容和步骤

1.分析零件图样，制订工艺方案。

这项工作的内容包括：对零件图样进行分析，明确加工的内容和要求；选择刀具和夹具；确定合理的走刀路线，选择合理的切削用量。

2.数学处理。

在确定了工艺方案后，就需要根据零件的几何尺寸、加工路线等，计算刀具中心运动轨迹，以获得刀位数据。

3.编写零件加工程序。

在完成工艺方案及数值计算工作后，即可编写零件加工程序。程序编制人员使用数控系统的程序指令，按照规定的程序格式，逐段编写加工程序。程序编制人员应对数控机床的功能、程序指令及代码十分熟悉，才能编写出正确的加工程序。

4. 程序检验。

将编写好的加工程序输入数控系统,通过图形模拟显示功能,检验程序的走刀轨迹或模拟刀具对工件的切削过程,对程序进行检查。对于形状复杂和加工要求高的零件,也可采用铝件、塑料或石蜡等易切材料进行试切来检验程序。这样不仅可确认程序是否正确,还可知道加工精度是否符合要求。若能采用与被加工零件相同的材料进行试切,则更能反映实际加工效果。当发现加工的零件不符合加工技术要求时,可修改程序或采取尺寸补偿等措施。

如图2-30所示为数控铣削零件的加工步骤。各步骤环环相扣,每一步都会影响到零件的最终加工质量。

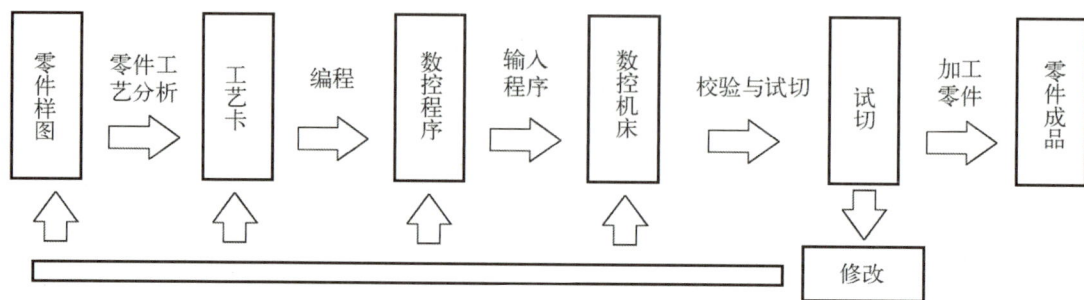

图2-30 数控铣削零件的加工步骤

在上述编程内容中,最主要的部分是如何控制刀具与工件的相对运动(加工轨迹)。如图2-31所示,观察图中刀具加工工件的过程,我们不难看出刀具与工件的相对运动主要包含相对运动方向和相对运动距离两个部分,方向和距离代表了刀具与工件的相对运动位置,这个位置可以用坐标来表示。根据我们所学的关于坐标系和坐标的知识可知,在同一个坐标系中,表示刀具与工件的相对运动位置的坐标具有唯一性,因此,刀具与工件的相对运动位置就可固定下来。

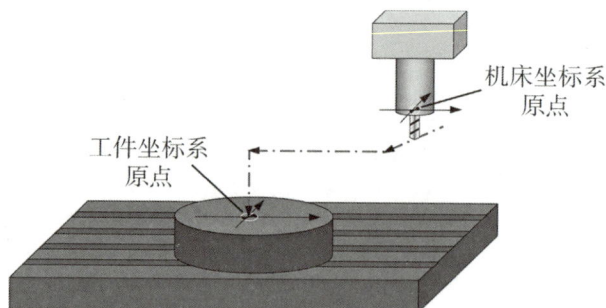

图2-31 刀具与工件的相对运动(加工轨迹)

三、数控编程中坐标轴的规定原则

按照 ISO 标准和我国的相关标准,对数控编程的相关问题做了如下规定:

(一)编程研究对象的规定原则

数控编程主要围绕着如何控制刀具与工件的相对运动(加工轨迹)来进行,对于不同种类的机床,这种相对运动的主体不尽相同。有的是刀具固定、工件运动,有的是刀具运动、工件固定,有的是刀具和工件都运动,这就给编程带来了很大的麻烦。为了方便编程,不管机床上的实际运动如何,统一规定编程的研究对象:假定刀具相对于静止的工件运动(刀具运动,工件静止),如图 2-32 所示。

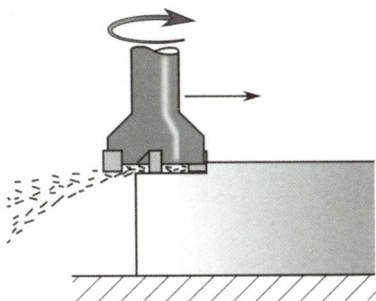

图 2-32　编程研究对象

(二)标准坐标系的规定原则

标准坐标系一般采用右手笛卡儿直角坐标系,三个标准坐标轴分别以 X、Y、Z 命名,如图 2-33 所示。

图 2-33　右手笛卡儿直角坐标系

伸出右手的大拇指、食指和中指,使它们互为 90°。大拇指的指向为 X 轴的正方向,食

指的指向为 Y 轴的正方向,中指的指向为 Z 轴的正方向。围绕 X、Y、Z 轴旋转的旋转坐标分别用 A、B、C 表示,根据右手螺旋定则,大拇指的指向为 X、Y、Z 中任意轴的正向,其余四指的旋转方向为旋转坐标 A、B、C 的正向。

（三）XK714 编程坐标轴的方向

根据相关标准规定,XK714 编程坐标轴的方向如图 2-34 所示。

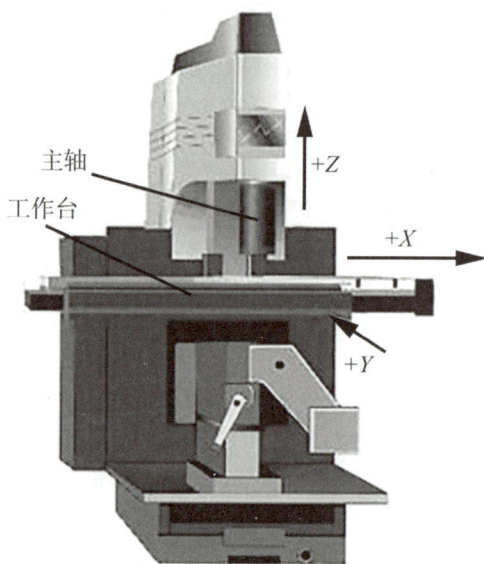

图 2-34　XK714 编程坐标轴的方向

图 2-34 中,刀具向上运动为 ＋Z 方向,刀具向右运动为 ＋X 方向,刀具向前(机床里侧)运动为 ＋Y 方向。由此可知,XK714 编程坐标轴和坐标系如图 2-35 所示。

（a）编程坐标轴　　　　　　（b）编程坐标系

图 2-35　编程坐标轴和坐标系

四、编程坐标系(工件坐标系)的建立

编程坐标系是编程人员在编程时使用的,用于确定编程的研究对象——刀具相对于静止工件运动的位置。由于编程的主要问题是刀具和工件的运动关系,而刀具被假设为是运动的,因此编程坐标系一般选择工件上的某一点来建立,这一点称为编程零点。由于编程坐标系是建立在工件上的,因此编程坐标系又称为工件坐标系,编程零点又称为工件零点。这里所说的工件一般指的是工件的零件图。

工件坐标系的建立是以工件零点的位置为基础的,即工件零点的位置确定了,那么工件坐标系也就按照规定建立起来了。工件零点的选择要便于利用零件图上的相关尺寸,以求出我们所需要的刀具运动位置的坐标。一般情况下,对称零件或以同心圆为主的零件,应将 X 轴、Y 轴的零点选在对称中心或圆心处;除此之外的零件,应将 X 轴、Y 轴的零点选在尺寸标注的基准(公共尺寸界线)上。Z 轴的零点通常选在工件的上表面。如图 2-36 所示。

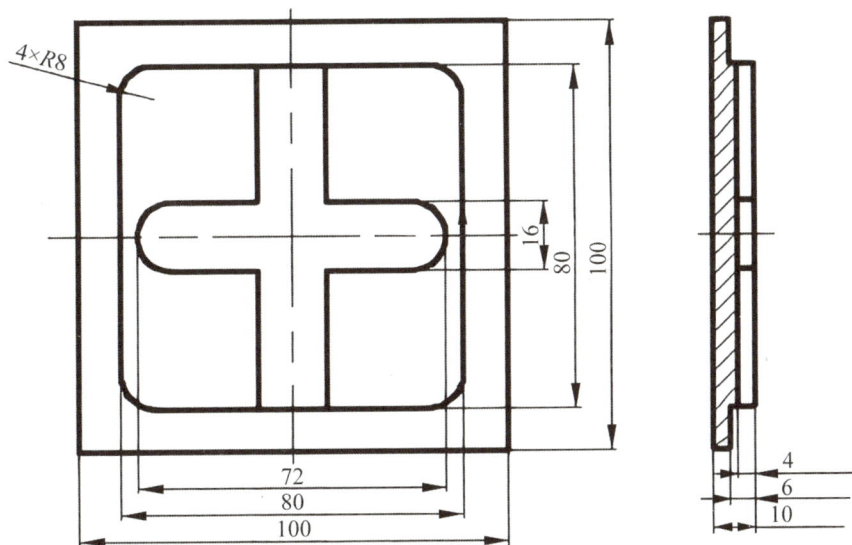

图 2-36 工件坐标系的建立

五、编程坐标点的计算

编程时,一般需要计算以下点的坐标:

(一)刀具的刀位点

工件坐标系建立起来后,就要计算刀具在该坐标系中的位置,为此需要将刀具简化为一个点,这个点称为刀位点。如图 2-37 所示,钻头的刀位点是钻头顶点,镗刀的刀位点是刀尖,立铣刀的刀位点是刀具中心线与刀具底面的交点,球头铣刀的刀位点是球头的球心点或球

头顶点。

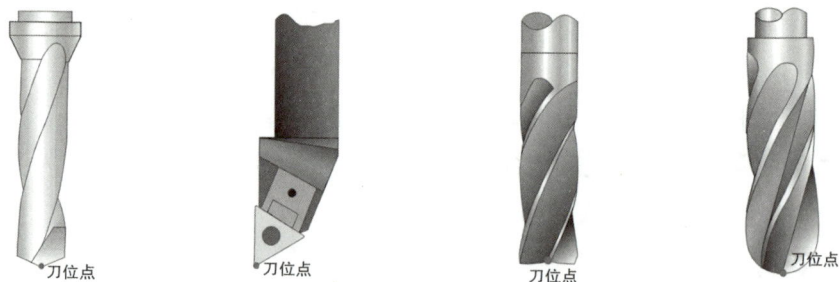

（a）钻头的刀位点　　（b）镗刀的刀位点　　（c）立铣刀的刀位点　　（d）球头铣刀的刀位点

图 2-37　刀具的刀位点

编程加工主要是根据加工零件图来完成的，但是零件图上并没有刀具的位置。刀具的运动（加工轨迹、走刀路线）是由工件的加工轮廓决定的，若加工轮廓为平面（视图中为一条直线段），则刀具的运动轨迹为一段直线；若加工轮廓为曲面（视图中为一条曲线），那么刀具的运动轨迹为一段曲线。因此，我们可以这样说，刀具的运动轨迹就是工件的加工轮廓。如图 2-38 所示。

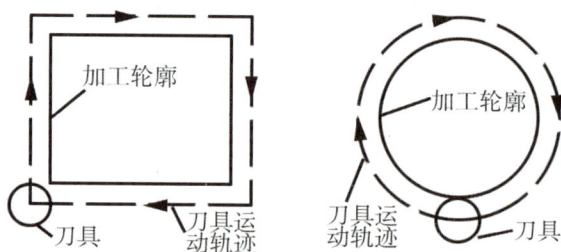

图 2-38　刀具运动轨迹与工件加工轮廓的关系

（二）基点

1. 基点的定义。

零件的轮廓由许多不同的几何要素组成，如直线、圆弧、二次曲线等，构成零件轮廓的不同几何要素的交点或切点称为基点，它可以直接作为运动轨迹的起点或终点。

2. 基点的计算。

在空间直角坐标系中求点的坐标，如图 2-39（a）所示，过 P 点分别作垂直于 XOY、XOZ、YOZ 平面的线段，平行于某坐标轴的线段长度就是该点在该坐标轴方向到零点的距离，即坐标值。在平面直角坐标系中求点的坐标，如图 2-39（b）所示，过 A 点分别作垂直于各坐标轴的线段，平行于某坐标轴的线段长度就是该点在该坐标轴方向到零点的距离，即坐标值。如 A 点到 Y 轴的距离为 2，到 X 轴的距离为 4，那么 A 点在以原点 O 为工件零点的坐标系中的坐标值为（2,4）。

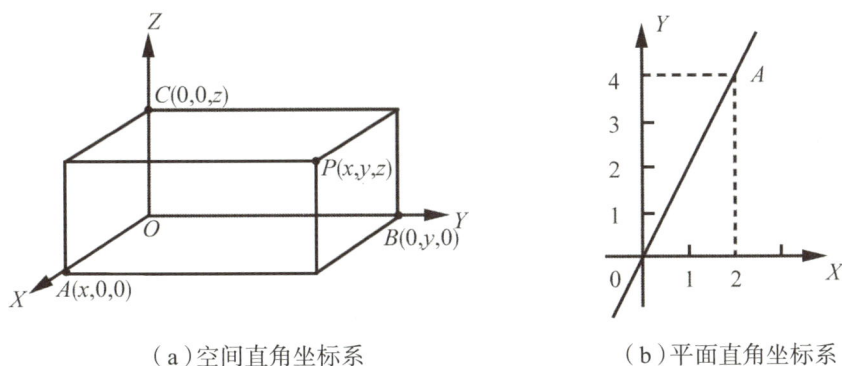

（a）空间直角坐标系　　　（b）平面直角坐标系

图2-39　直角坐标系求点坐标的方法

（1）基点的简单计算。

零件图不仅表示出工件的形状,同时也表示出工件轮廓的各部分尺寸及尺寸关系。求轮廓基点坐标的时候,点到坐标轴的距离可以通过尺寸关系得到。简单的基点坐标可以直接计算出来,如图2-40所示。

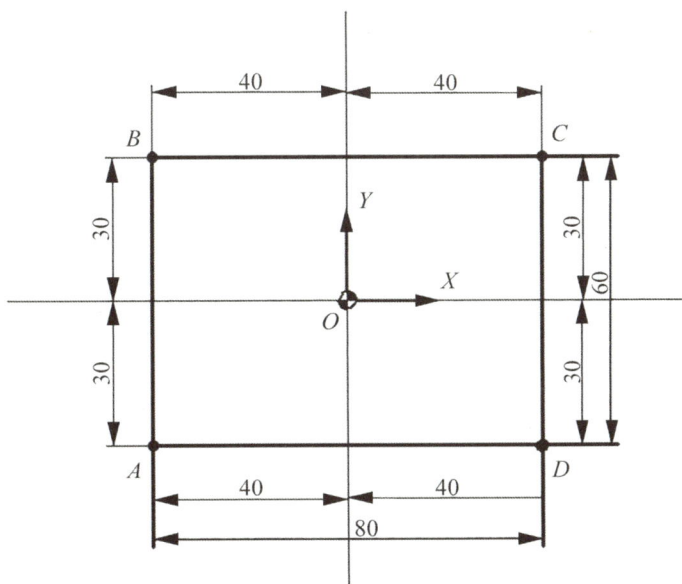

图2-40　基点坐标的计算

图中,工件零点 O 建立在矩形的对称中心处,建立 XOY 坐标系,所求基点分别为 A、B、C、D。80和60分别是零件图中矩形的长、宽尺寸,采用了对称零件的常见标注方式。分析图纸可以得出:零件左右对称,所求基点到工件零点的横向距离都是40;零件上下对称,所求基点到工件零点的竖向距离都是30。再考虑坐标轴方向, X 轴向右为正,向左为负; Y 轴向上为正，向下为负。综合得出各基点的坐标分别为：A（-40，-30），B（-40，30），C（40，30），D（40，-30）。

（2）复杂基点的计算。

如图 2-41 所示，O、Q、A、B 均为基点。求基点 A、B 的坐标时，仅根据零件图的尺寸无法直接算出。对于此类基点，在计算其坐标的时候可以通过以下两种方法求得。

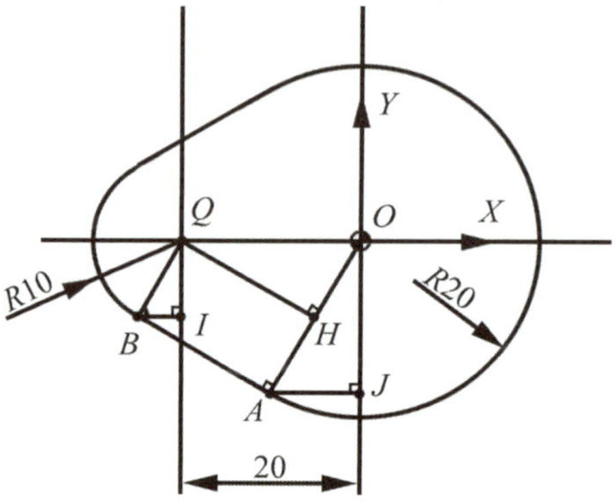

图 2-41　零件图中的基点

方法一：应用数学方法求得。

常用的数学方法有：

①勾股定理。

如图 2-42 所示，Rt$\triangle ABC$ 中，两直角边的平方和等于斜边的平方。图中 AC、BC 为直角边，AB 为斜边，因此 $AC^2 + BC^2 = AB^2$。

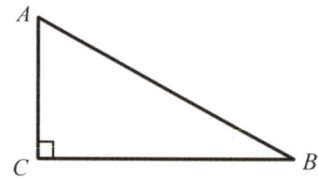

图 2-42　直角三角形

②相似三角形。

如图 2-43 所示，Rt$\triangle CDA$ 和 Rt$\triangle CAB$ 相似（至少两组相对应的角相等，如图中 $\angle CAB = \angle CDA$，公共角 $\angle C = \angle C$），那么 $\dfrac{CD}{CA} = \dfrac{DA}{AB} = \dfrac{CA}{CB}$。

图 2-43　相似三角形

③三角函数。

如图 2-44 所示，Rt△ABC 中，∠A 的正弦 $\sin A = \dfrac{BC}{AC}$，∠A 的余弦 $\cos A = \dfrac{AB}{AC}$，∠A 的正切 $\tan A = \dfrac{BC}{AB}$。

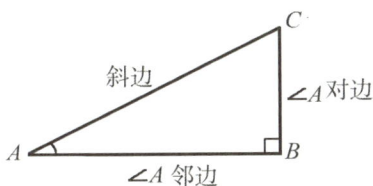

图 2-44　三角函数

特殊角的三角函数值如表 2-5 所示。

表 2-5　特殊角的三角函数值

α	$\sin \alpha$	$\cos \alpha$	$\tan \alpha$
30°	$\dfrac{1}{2}$	$\dfrac{\sqrt{3}}{2}$	$\dfrac{\sqrt{3}}{3}$
45°	$\dfrac{\sqrt{2}}{2}$	$\dfrac{\sqrt{2}}{2}$	1
60°	$\dfrac{\sqrt{3}}{2}$	$\dfrac{1}{2}$	$\sqrt{3}$

根据以上数学知识，在图 2-41 中，过 O、Q 点分别向直线 AB 作垂线，过 Q 点向 OA 作垂线，交于 H 点；分别过 A、B 点向竖线作垂线，交于 I、J 点。已知 $OQ = 20$，$BQ = 10$，$OA = 20$。

根据图中所作的线，可知 $ABQH$ 是一个矩形，可得 $AH = BQ = 10$，所以 $OH = 10$。

根据 $\sin \angle HQO = \dfrac{OH}{OQ} = \dfrac{10}{20} = \dfrac{1}{2}$，可得 $\angle HQO = 30°$。

又 $\angle HQO + \angle HOQ = 90°$，$\angle JOA + \angle HOQ = 90°$，可得 $\angle JOA = \angle HQO = 30°$。同理，$\angle IQB = \angle HQO = 30°$。

在 Rt△AOJ 中，$\sin \angle JOA = \dfrac{AJ}{AO} = \dfrac{1}{2}$，所以 $AJ = AO \times \dfrac{1}{2} = 20 \times \dfrac{1}{2} = 10$；

$\cos \angle JOA = \dfrac{OJ}{AO} = \dfrac{\sqrt{3}}{2}$，可得 $OJ = AO \times \dfrac{\sqrt{3}}{2} = 10\sqrt{3} \approx 17.32$。

在 Rt$\triangle BQI$ 中，$\sin \angle IQB = \dfrac{IB}{BQ} = \dfrac{1}{2}$，可得 $IB = BQ \times \dfrac{1}{2} = 10 \times \dfrac{1}{2} = 5$；$\cos \angle IQB = \dfrac{IQ}{BQ} = \dfrac{\sqrt{3}}{2}$，可得 $IQ = BQ \times \dfrac{\sqrt{3}}{2} = 5\sqrt{3} \approx 8.66$。

根据以上数学方法求得的值，结合图 2-41，可知 A 点坐标为（-10，-17.32），B 点坐标为（-25，-8.66）。

方法二：应用计算机绘图软件求得。

对于一些难以通过数学方法求得的基点坐标，可以通过 AutoCAD 和 CAXA 等计算机绘图软件，将零件图的形状按尺寸画出，利用软件的尺寸标注或坐标测量等功能，就可以很方便地求得所需要的基点坐标。

六、HNC-818B 数控程序的组成及格式

（一）程序的结构

一个零件程序是一组被传送到数控系统中去的指令和数据。

一个零件程序是由遵循一定结构、句法和格式规则的若干个程序段组成的，而每个程序段是由若干个指令字组成的，如图 2-45 所示。

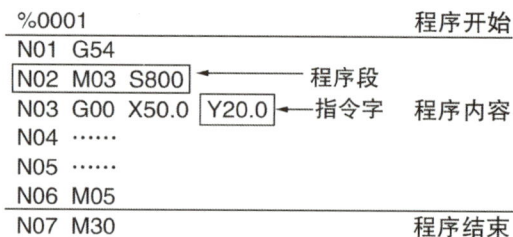

```
%0001                              程序开始
N01  G54
N02  M03 S800      ←——  程序段
N03  G00  X50.0  Y20.0  ←—— 指令字   程序内容
N04  ……
N05  ……
N06  M05
N07  M30                           程序结束
```

图 2-45　程序的结构

一个完整的零件程序由程序开始、程序内容、程序结束三部分构成。

1. 程序开始。

以程序的程序名指定，指令地址符为 "%"，其后为数字，如图 2-45 中所示的 "%0001"。

2. 程序内容。

它表示数控加工要完成的全部动作，是整个程序的核心。它由许多程序段组成，每个程序段由一个或多个指令字构成。程序段反映了数控加工的先后顺序。

3. 程序结束。

以程序结束指令 M30 结束整个程序的运行。

（二）程序段的格式

一个程序段定义一个将由数控系统执行的指令行,其中包括各功能字的句法,如图2-46所示。

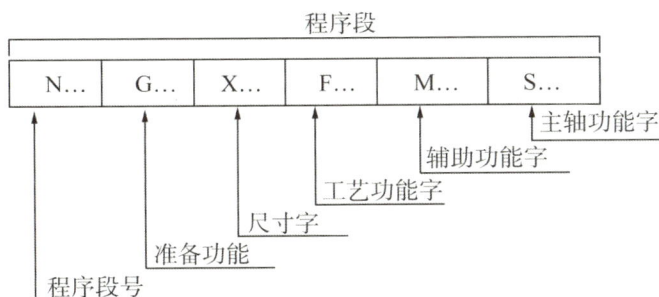

图 2-46　程序段的格式

一个零件程序是按程序段的输入顺序执行的,而不是按程序段号的顺序执行的。但书写程序时,建议按升序书写程序段号,这样便于逐行检查、修改和插入内容。

（三）程序的文件名

为方便编制好的加工程序输入并存储到数控装置中,需要对程序命名,数控装置通过调用文件名来调用程序,进行加工或编辑。

文件名的格式为:O（O 为指令地址符）+1 ～ 7 位字母、数字或字符。

注意:数控装置中存储的文件名不能重复;当文件名重复时,会修改或覆盖以前的文件名。

七、指令字及其格式

一个指令字是由指令地址符和带符号（如定义尺寸的字"X-100"）或不带符号（如准备功能字 G 代码"G01"）的数据组成的。程序段中不同的指令字符及其后续数值确定了每个指令字的含义。数控程序段中包含的主要指令字符如表2-6所示。

表 2-6　指令字符一览表

指令	地址符	含义
程序号	%	程序编号
程序段号	N	程序段编号
准备功能字	G	指定动作方式（如直线、圆弧等）:G00 ～ G99

续表

指令	地址符	含义
尺寸字	X，Y，Z	坐标轴的移动命令
	R	圆弧的半径；固定循环的参数
	I，J，K	圆心相对于起点的坐标；固定循环的参数
进给功能字	F	进给速度：F0 ～ F24000
主轴功能字	S	主轴旋转速度：S0 ～ S9999
刀具功能字	T	刀具编号：T0 ～ T99
辅助功能字	M	机床侧开 / 关控制：M0 ～ M99
补偿号	H，D	刀具补偿号：00 ～ 99
暂停	P，X	暂停时间：秒
子程序号	P	子程序号：P1 ～ P4294967295
重复次数	L	子程序的重复次数，固定循环的重复次数：L1 ～ L32767
参数	P，Q，R	固定循环的参数

（一）尺寸字

尺寸字用来指定编程所需的坐标值，如直线、圆弧的起点或终点，圆弧的半径或圆心的坐标。书写时以指令地址符开头，后面紧跟正负号及具体坐标数值，如 X100、R10、I-30。

（二）准备功能字（简称 G 功能）

准备功能字用于指定刀具相对于工件的运动轨迹、工件坐标系的设定、坐标平面的选择、固定循环加工和刀具补偿等，由字母 G 和两位数字组成，如 G01、G54。

（三）辅助功能字（简称 M 功能）

辅助功能字用于控制程序的运行状态，以及机床各种辅助开关的动作，如表 2-7 所示。

表 2-7　常用 M 功能

M 功能	功能形式	功能说明
M00	非模态	程序停止
M02	非模态	程序结束
M03	模态	主轴正转（顺时针旋转）

M 功能	功能形式	功能说明
M04	模态	主轴反转（逆时针旋转）
M05	模态	主轴停止
M07	模态	冷却液开
M09	模态	冷却液关
M30	非模态	程序停止并返回开始处
M98	非模态	调用子程序
M99	非模态	子程序结束

（四）进给功能字

进给功能字用于指定刀具相对于工件的进给速度，指令地址符为 F，其后为具体的进给速度值，如 F100。注意，数控装置默认的进给速度值的单位为毫米 / 分（mm/min）。

（五）主轴功能字

主轴功能字用于指定主轴的转速，指令地址符为 S，其后为具体的转速值，如 S800。注意，数控装置默认的主轴转速值的单位为转 / 分（r/min）。

（六）功能形式

G 功能和 M 功能均有模态和非模态指令之分。

1. 模态指令。

模态指令也称为续效指令，一般属于某一组指令（指定同一动作方式的不同功能为一组指令），如指示主轴动作方式的三种不同功能，即主轴的正转、反转、停止对应的指令 M03、M04 和 M05 为同一组指令。模态指令在某一程序段中指定后，便一直有效，直到出现同组另一指令或被其他指令取消。与上一段相同的模态指令可省略不写。

2. 非模态指令。

非模态指令也称为非续效指令，仅在出现的程序段中有效。

（七）缺省功能

缺省功能是指系统初上电时，系统默认的功能，如 M05 和 M09。

课题技能实训

实训一　熟练掌握各指令的含义

实训任务与目标

数控程序控制着数控机床的加工,熟悉数控程序的组成及格式,是对编程人员最基本的要求。该实训要求学生通过观察典型立式数控铣床加工零件的过程,结合学习到的基本知识,加深对数控铣削编程基本内容的掌握;要求学生熟悉数控程序的组成及格式,能熟练应用各常用指令。

实训实施

1. 观察某一个零件的加工程序,说出程序中各指令的含义。

2. 说明各指令的使用格式。

3. 明确各指令在使用时的注意事项。

实训评价

实训结束后,填写实训评分表(见表 2-1)。

实训二　工件坐标系的建立与基点坐标的计算

实训任务与目标

根据学习的相关知识,通过识读零件图,分析零件的特点,合理选择工件零点,并建立工件坐标系;找出零件图中的基点,计算出各基点的坐标值。

实训实施

1. 识读零件图,分析零件的特点。

2. 选择合适的工件零点,并建立工件坐标系。

3. 找出零件图中的基点,并应用数学方法求得各基点的坐标值。

4. 在 AutoCAD 或 CAXA 计算机绘图软件上完成零件图的绘制,并求得各基点的坐标。

实训评价

实训结束后,填写实训评分表(见表 2-1)。

➡ 课题练习

一、理论部分

1.什么是编程？数控编程的主要内容和步骤是什么？

2.按照相关标准，数控编程中坐标轴的规定原则有哪些？

3.数控编程中的刀位点和基点分别是如何定义的？说明 XK714 常用刀具刀位点的位置。

4.一个完整的加工程序包括哪几部分？说明程序段的书写格式是如何规定的。

5.编程中的指令字有哪些？

二、实训部分

按照"实训二　工件坐标系的建立与基点坐标的计算"中的要求，再完成三个不同零件图的实训。

模块三　XK714 立式数控铣床的操作

内容介绍

本模块以 XK714 配置的 HNC-818B 数控装置为例,主要介绍了相关操作知识,包括 XK714 和 HNC-818B 数控装置的基本操作、程序的输入与编辑、对刀操作方法及参数设置、常见操作故障及解除。

课程思政

古代有一位铁匠,他制作铁器的技艺精湛。然而,他发现每次制作铁器都需要耗费大量的时间和精力,而且有时候制作的铁器还会出现一些瑕疵。

有一天,他发现了一本关于铁器制作的书,便开始阅读,并逐渐了解了各种铁器制作工具的操作规程。通过学习这些操作规程,他逐渐掌握了制作铁器的技巧和方法。在掌握了这些技巧和方法后,他发现制作铁器变得相对容易和高效了。他不但能够制作出更加精美的铁器,而且提高了制作效率和铁器质量。

心得感悟

这个故事告诉我们,了解工具的操作规程可以帮助我们更好地完成各种任务。通过学习和掌握工具的操作规程,我们可以提高工作效率和产品质量,同时也可以更好地发挥自己的才能。这个故事也强调了学习的重要性,只有不断学习和积累经验,才能更好地应对各种工作挑战。

课题一 XK714 和 HNC-818B 数控装置的基本操作

本课题主要引导学生学习 HNC-818B 数控装置控制面板的组成、各功能键的作用及使用方法、XK714 的基本操作和数控装置的主要功能,并通过实训使学生熟练掌握该机床的相关操作知识和技能。

➡ 课题学习目标

1. 了解 HNC-818B 数控装置控制面板的组成。
2. 熟悉控制面板上各功能键的作用及用法。
3. 熟悉菜单树结构(功能软件结构)及使用方法。
4. 掌握数控装置的主要功能。

➡ 知识学习

一、HNC-818B 数控装置控制面板的组成

HNC-818B 数控装置的控制面板如图 3-1 所示,大致可分为机床操作按键站、MDI 键盘按键站、功能软键站、显示屏以及外接端口五大部分,具体按键功能见表 3-1。

图 3-1 HNC-818B 数控装置控制面板

表 3-1　HNC-818B 控制面板具体按键功能

按键	名称/符号	功能说明	有效时工作方式
	回零工作方式键/［回零］	选择回零工作方式	回零
	增量工作方式键/［增量］	选择增量工作方式	增量
	手动工作方式键/［手动］	选择手动工作方式	手动
	MDI 工作方式键/［MDI］	选择 MDI 工作方式	MDI
	自动工作方式键/［自动］	选择自动工作方式	自动
	单段开关键/［单段］	①逐段运行或连续运行程序的切换；②单段有效时,指示灯亮	自动、MDI（含单段）
	手轮模拟开关键/［手轮模拟］	①手轮模拟功能是否开启的切换。②该功能开启时,可通过手轮控制刀具按程序轨迹运行。正向摇手轮时,继续运行后面的程序；反向摇手轮时,反向退回已运行的程序	自动、MDI（含单段）
	程序跳段开关键/［程序跳段］	程序段首标有"/"符号时,该程序段是否跳过的切换	自动、MDI（含单段）

按键	名称/符号	功能说明	有效时工作方式
选择停	选择停开关键/[选择停]	①程序运行到"M00"指令时,是否停止的切换。②若程序运行前已按下该键(指示灯亮),当程序运行到"M00"指令时,则进给保持,再按循环启动键才可继续运行后面的程序;若没有按下该键,则连贯运行该程序	自动、MDI(含单段)
超程解除	超程解除键/[超程解除]	①取消机床限位;②按住该键可解除报警,并可运行机床	手轮、手动、增量
（绿色）	循环启动键/[循环启动]	程序、MDI 指令运行启动	自动、MDI(含单段)
（红色）	进给保持键/[进给保持]	程序、MDI 指令运行暂停	自动、MDI(含单段)
	快移速度修调键/[快移修调]	快移速度的修调	
	主轴倍率键/[主轴倍率]	主轴速度的修调	
主轴正转 主轴停止 主轴反转	主轴控制键/[主轴正/反转]	主轴正转、反转、停止运行控制	手轮、增量、手动、MDI(含单段、手轮模拟)
	手动控制轴进给键/[轴进给]	①手动或增量工作方式下,控制各轴的移动及方向;②手轮工作方式下,选择手轮控制轴;③手动工作方式下,分别按下各轴时,该轴按工进速度运行,当同时还按下快移键时,该轴按快移速度运行	手轮、增量、手动

续表

按键	名称 / 符号	功能说明		有效时工作方式
顶尖前进 顶尖寸动 顶尖后退 机床照明 润滑 排屑正转 夹爪开/关 冷却 刀库正转	机床控制按键 / [机床控制]	手动控制机床的各种辅助动作	顶尖前进、顶尖寸动、顶尖后退、夹爪开/关、刀库正转	手轮、增量、手动（且主轴停转）
			机床照明、润滑、排屑正转、冷却	手轮、增量、手动、回零、自动、MDI（含单段、手轮模拟）
F1 F2 F3 F4	机床控制扩展按键 / [机床控制]	手动控制机床的各种辅助动作		机床厂家根据需要设定
	程序保护开关 / [程序保护]	保护程序不被随意修改		手轮、增量、手动、回零、自动、MDI（含单段、手轮模拟）
EMERGENCY STOP	急停键 / [急停]	紧急情况下，使系统和机床立即进入停止状态，所有输出全部关闭		
（绿色）	系统电源开 / [电源开]	控制数控装置上电		手轮、增量、手动、回零、自动、MDI（含单段、手轮模拟）
（红色）	系统电源关 / [电源关]	控制数控装置断电		

二、显示屏

显示屏显示内容如图 3-2 所示,各部分内容具体如下:

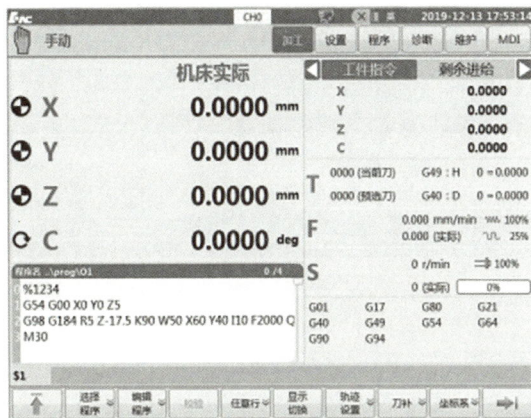

图 3-2　显示屏

1. 显示窗口。

该显示窗口有 4 种显示模式,分别为图形显示、程序正文及功能参数界面显示、联合坐标显示和主坐标显示,可按"F9"键进行切换。

(1)图形显示模式。

程序模拟图形显示模式如图 3-3 所示,包括零件的三视图和正等轴测图。在图形显示模式下,可按"F9"键切换至图形放大、缩小界面,也可在手动方式下,按键盘上的"+""一"进行放大与缩小 。

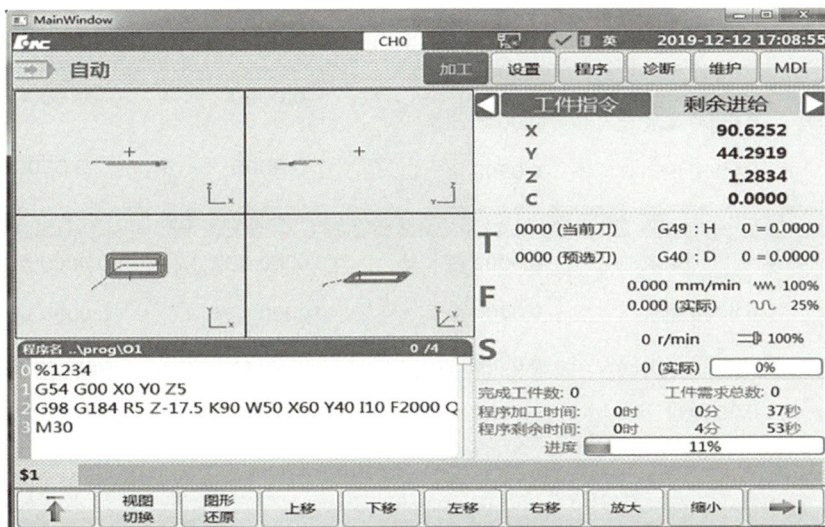

图 3-3　图形显示模式

（2）程序正文及功能参数界面显示。

程序正文及功能参数界面显示如图 3-4 所示，该模式下可在显示区域或其下面的"命令输入行"中输入参数。

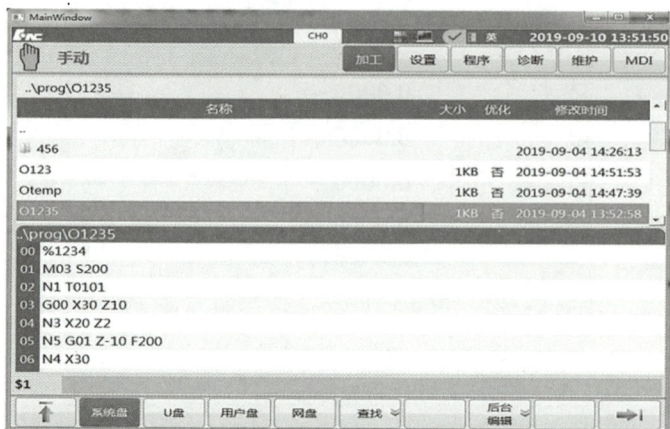

图 3-4　程序正文及功能参数界面显示

（3）联合坐标显示。

联合坐标显示如图 3-5 所示，可以将数控机床上的三种坐标系同时显示出来，便于观察每一种坐标系中当前的坐标位置。相对坐标和机床坐标根据设定可以一致，也可以不同。

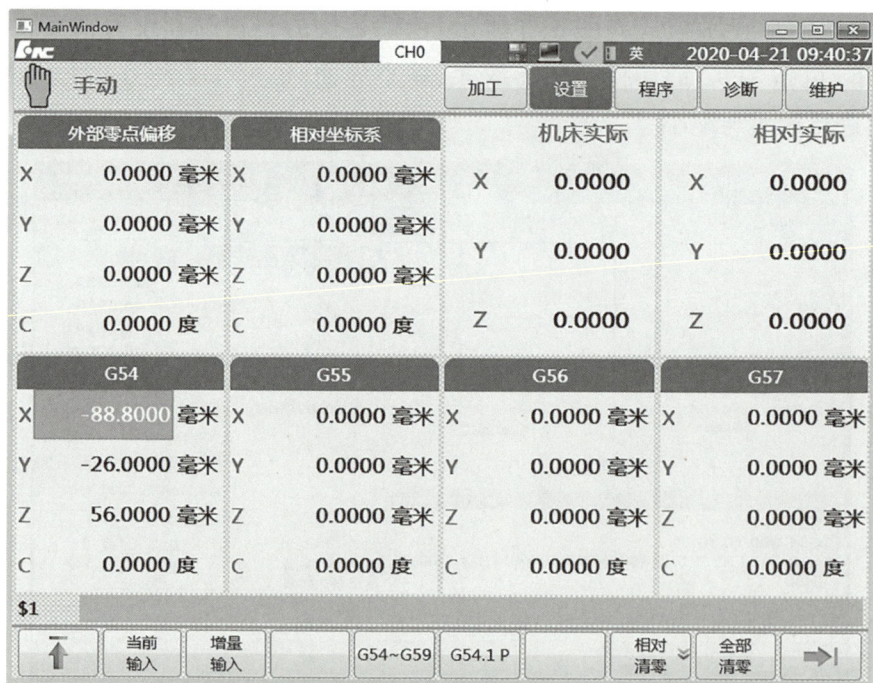

图 3-5　联合坐标显示

（4）主坐标显示。

主坐标显示如图 3-6 所示，显示数控机床上选定的三种坐标系中的某一种。

图 3-6　主坐标显示

2. 菜单命令条。

菜单命令条对应功能软键站中 F1 ～ F10 功能键，用于完成系统功能的相应操作。

3. 运行程序索引。

运行程序索引用于搜索"自动"加工中的程序名和当前加工的程序段号。

4. 刀具在选定坐标系下的坐标值。

它是指选定坐标系，即选择机床坐标系、相对坐标系和工件坐标系中的一种时，刀具的坐标位置。

5. 工件坐标零点。

它是指工件坐标系的零点在机床坐标系中的坐标。

6. 辅助机能。

它是指自动加工中的 M、S 功能，如当前指定为主轴正转，转速为 800 r/min，则显示为"M03　S800"。

7. 加工程序段。

它是指当前正在加工或即将加工的程序段内容。

8. 当前方式选择、系统运行状态。

当前方式选择：系统根据机床控制面板上对应按键的状态，可在"自动""单段""手动""增量""手摇""回零""急停"和"复位"之间进行显示切换。

系统运行状态：在"运行正常"和"出错"之间进行显示切换。

9. 命令提示和输入行。

命令提示和输入行显示当前的程序运行状态（开始、暂停或结束）、图形显示的放大或缩小，以及需要输入相关参数的位置。

10. 其他。

其他内容包括当前的尺寸单位、进给速度单位、进给修调倍率、快速修调倍率和主轴修调倍率等。

三、机床数控装置常见故障及解除方法

（一）超程

数控机床的进给部件有一定的运动范围（行程），XK714 利用行程开关和限位挡块（如图 3-7 所示）来限制机床的运动行程。当行程开关到达限位挡块处时（即将要超出运动行程），这种现象称为超程（如图 3-8 所示）。行程开关是一个电子开关元器件，其主要结构为一个连接运动部件、控制通断电状态的弹簧触头。正常状态时，开关处于接通状态，可操作运动部件运行；超程时，弹簧触头被限位挡块顶开，开关处于断开状态，运动部件断电，无法控制运行。XK714 上每个坐标轴各有一个行程开关，各坐标轴方向设有限位挡块。

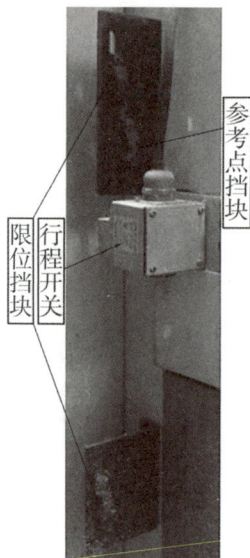

图 3-7　限位装置　　　　图 3-8　超程

数控机床上的超程有两种，分别是硬超程和软超程。

1. 硬超程。

数控机床开机上电后，在没有成功执行"回参考点"操作前发生的超程，称为硬超程。

2. 软超程。

数控机床开机上电后，已经成功执行"回参考点"操作之后发生的超程，称为软超程。

硬超程和软超程的相关问题见表 3-2。

表3-2 硬超程和软超程

超程名称	超程提示	超程现象	超程解除方法
硬超程	①运行状态：出错。 ②故障诊断：某轴某向超程，如Z轴正向超程。 ③超程解除按键指示灯亮。 ④超程的坐标轴控制按键指示灯亮	发生硬超程时，整个机床操作按键站处于断电状态（急停状态），所有按键控制均无效	长按"超程解除"按键，使系统强制上电解除急停状态。复位后，在手动方式下按与超程方向相反的按键，移动进给部件，即可解除。 注意：按与超程方向相反的按键时一定要分清楚，否则会发生危险；在解除硬超程期间，"超程解除"按键应一直按着，不要松开，直到解除
软超程	①运行状态：出错。 ②故障诊断：某轴某向软超程，如Z轴正向软超程	发生软超程时，只有超程方向的按键控制无效	根据故障诊断，按与超程方向相反的按键，即可解除

（二）误差过大

数控机床长时间进行加工后，机床进给运动部件间隙造成的累积误差过大，会造成机床的跟踪误差过大或定位误差过大等故障。发生该类故障时，可先将"急停"按钮按下，之后再旋出，复位后执行"回参考点"操作，或重启数控装置。

（三）显示屏白屏或黑屏

当显示屏出现白屏或黑屏故障时，首先检查显示屏本身是否出现故障。若排除显示屏本身的故障，可通过"亮度调节"按键调节显示屏的亮度。操作时，显示屏的亮度是循环显示的，可一直点按"亮度调节"按键，直到达到要求。

（四）提示"非法地址符"或"指令格式错"

当显示屏提示"非法地址符"或"指令格式错"时，应按照标准的指令格式对比程序，找出输入错误的信息，并将其改正。

课题技能实训

实训一　熟悉 HNC-818B 数控装置面板

实训任务与目标

结合学习的知识,对比机床操作面板的实物,熟悉数控装置面板的组成及各功能键的作用。

实训实施

1. 观察 XK714 的数控装置面板,找到相应的组成部分。

2. 结合所学知识,在实训教师的指导下,熟悉机床操作按键站、MDI 键盘按键站和功能软键站中各功能键的位置以及显示屏内容,并进行相关操作。

实训评价

实训结束后,填写实训评分表(见表 2-1)。

实训二　XK714 的基本操作

实训任务与目标

在熟悉控制面板的基础上,熟练掌握机床的基本操作,并达到熟能生巧的程度,为以后的操作加工打下坚实的基础。

实训实施

1. 能够进行机床的开机、回参考点和关机操作。

2. 能够进行主轴正转、反转和停止操作,并熟练掌握主轴修调方法。

3. 能够进行坐标轴手动、增量和手摇控制,并熟练掌握进给修调和倍率修调方法。

4. 应用坐标轴控制,对试件进行试切削,加深对 XK714 立式数控铣床铣削加工的理解。

实训评价

实训结束后,填写实训评分表(见表 2-1)。

实训三　XK714 常见故障诊断与解除

实训任务与目标

结合学习的相关知识,了解 XK714 常见的一些故障,并根据相关功能,掌握故障诊断与解除的方法。

实训实施

1. 掌握硬超程与软超程等故障的诊断与解除方法。

2. 掌握定位误差与跟踪误差过大等故障的诊断与解除方法。

3. 掌握亮度调节的方法。

实训评价

实训结束后,填写实训评分表(见表 2-1)。

课题练习

一、理论部分

1. 简述 HNC-818B 数控装置控制面板的组成及各按键的功能。

2. 数控装置显示窗口有哪几种显示模式?

3. 画出数控机床的坐标轴方向,并简述控制坐标轴方向的方法有哪几种。

4. 数控机床常见的超程有哪两种? 这两种故障是如何发生的?

二、实训部分

1. 应用坐标轴控制,对一长方体试件进行试切削。

2. 学会诊断和解除硬超程和软超程的方法。

3. 通过坐标轴控制的相关操作按键,精确定位下列坐标:

① X-112.345　Y-89.791　Z-130.078

② X-1043912　Y-107.123　Z-123.095

③ X-99.019　Y-121.109　Z-110.011

课题二　XK714 对刀操作及参数设置

对刀操作是操作数控机床的重要内容,是实现自动加工的基础。本课题意在引导学生掌握在 XK714 上对刀的基本原理、常用的对刀方法及其操作步骤和参数设置。

课题学习目标

1. 掌握 XK714 机床坐标系的概念以及机床坐标系与工件坐标系的区别。
2. 理解 XK714 对刀的基本原理和常用的对刀方法。
3. 掌握应用 G54 指令在 XK714 上进行对刀操作的步骤及参数设置。

知识学习

一、XK714 机床坐标系

（一）XK714 机床坐标系的概念

为了确定刀具相对于工件的加工运动位置信息，需要建立坐标系。根据坐标系实现的作用不同，可分为机床坐标系和工件坐标系两种。

机床坐标系是机床固有的坐标系，由数控机床的制造商在机床上建立和设定，它是数控机床进行操作和加工控制的基础。由于刀具或工件的形状和安装位置不同，很难确定刀具与工件的相对位置坐标，因此一般很难用机床坐标系计算编程时的坐标值。

工件坐标系是编程人员编程时使用的、根据零件图建立的一种坐标系，用于计算编程时的坐标值。

XK714 的机床坐标系与工件坐标系的方向是有区别的，如图 3-9 所示。

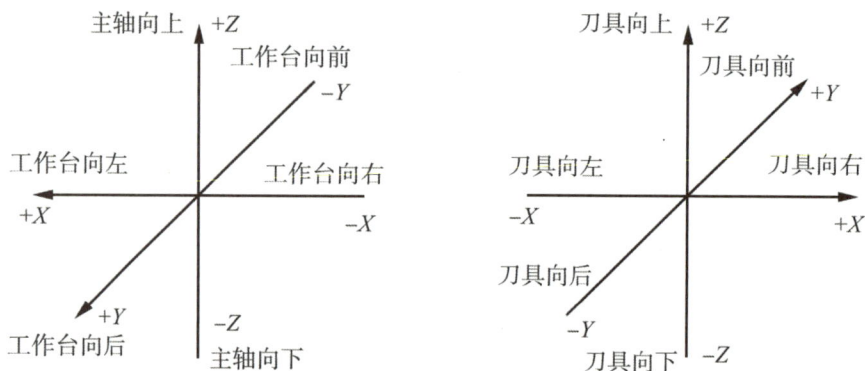

（a）机床坐标系的坐标轴方向　　　　（b）工件坐标系的坐标轴方向

图 3-9　机床坐标系与工件坐标系的方向

（二）机床零点和机床参考点

机床零点和机床参考点是数控机床上的两个重要点，XK714 上这两个点是重合的。

1. 机床零点。

机床零点是机床坐标系的坐标原点,所有的机床坐标都是以其为基础得到的。它是机床制造商设置在机床上的一个位置,其作用是使机床与数控装置同步,建立测量机床运动坐标的起始点,确定刀具与工件在机床中的相对运动位置。

2. 机床参考点。

机床参考点是机床制造商在机床上用行程开关设置的一个物理位置。设定该点的目的是以其为参照,使数控装置可以确定出机床零点在数控机床上的位置。数控机床开机后的回参考点操作,通常也称为回零操作,就是为了确定机床零点,建立机床坐标系。

二、XK714 的对刀方法

程序编制的基础是工件坐标系,数控机床加工的基础则是机床坐标系,而数控装置并不知道编程人员设定的工件坐标系的工件零点的位置。这就需要使二者建立起确定的位置关系,数控装置才能够正确地按照程序控制刀具相对于工件的加工轨迹。

对刀的目的就是确定工件零点在机床坐标系中的位置。

(一)对刀过程

如图 3-10 所示,机床坐标系的机床零点设定在主轴端面轴心处,工件坐标系的工件零点由编程人员根据需要设定在工件上表面的中心处。

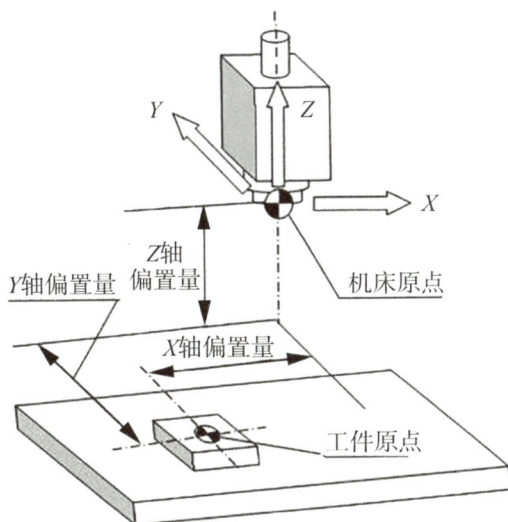

图 3-10　对刀原理

对刀的目的就是获得工件零点在机床坐标系中的坐标值。之所以把这一过程称为对刀,是因为机床在开机并执行回参考点的操作后,机床坐标系就已经建立起来了。而无论刀具移动到机床运动范围内的哪一点,数控装置都能够确定其机床坐标。

以图 3-10 为例,选用立铣刀,其编程的刀位点为底面中心位置;工件坐标系的零点为工件的上表面中心。在机床上对刀就是让刀位点和工件零点重合,这时刀位点在机床坐标系中的机床坐标就是所需要的。

(二)对刀方法

对刀的准确度将直接影响零件的加工精度,因此,对刀时一定要认真、细心。对刀方法有多种,这里采用试切法对刀。该方法操作方便,适用于精度要求不高的情形。

试切法对刀如图 3-11 所示,即刀具轻轻接触工件端面,得到刀具相对于工件的参数。

图 3-11　试切法对刀

三、对刀常用指令和参数

(一)G54～G59 指令

G54～G59 为设定工件坐标系的指令,包括 G54、G55、G56、G57、G58 和 G59。这 6 个指令为同一组指令。以 G54 为例,参数设定界面如图 3-12 所示。

G54 的参数设定界面中有三个参数,分别为 X、Y、Z 轴的坐标值,这三个坐标值指的就是刀位点和工件零点重合时,在机床坐标系中的机床坐标值。当三个坐标值参数找到后,可以通过命令行输入,即可完成设定。

G54	
X	-88.8000 毫米
Y	-26.0000 毫米
Z	56.0000 毫米
C	0.0000 度

图 3-12　G54 参数设定界面

G54～G59 分别对应功能软键站中的 F1～F6 键,使用时根据需要可选择任意一个,但需要注意:如果对刀时选用 G54 进行设定,那么程序中就应该对应书写 G54,切记不要出现不一致的情况,以免发生危险。

（二）当前相对值零点

当前相对值零点的参数设定界面如图 3-13 所示。若将工件的对称中心设为工件零点，对刀时需知道工件的长、宽尺寸，以求出中心位置，这就需要利用当前相对值零点参数，通过操作找出长、宽尺寸。

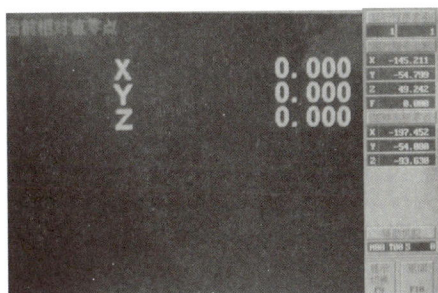

图 3-13　当前相对值零点参数设定界面

当前相对值零点中有三个坐标参数，它们指的是机床坐标。进入当前相对值零点参数设定界面的方法如图 3-14 所示。

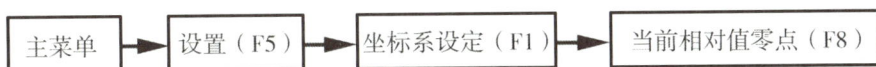

图 3-14　进入当前相对值零点参数设定界面的方法

应用当前相对值零点求工件长度的方法，如图 3-15 所示。

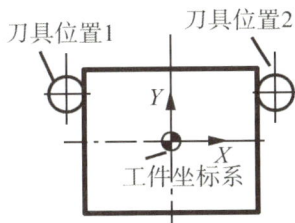

图 3-15　刀具试切工件左右端面

（1）将选定坐标系显示窗口修改为"相对指令坐标"，并注意当前相对值零点中的 X、Y、Z 值都为 0。

（2）在刀具位置 1 处，刀具接触工件的左端面，输入该位置的机床坐标值（如图 3-13 中的 X 值"-145.211"），则坐标系显示窗口中的 X 值为 0。

（3）在刀具位置 2 处，刀具接触工件的右端面，此时坐标系显示窗口的"相对指令坐标"中的 X 值即为工件左端面与右端面的距离（即工件长度）。

四、应用 G54 ~ G59 试切法对刀的操作步骤

以选定 G54 指令完成对刀的参数设定为例进行讲解。

1. 将所用铣刀装到主轴上并使主轴中速旋转，进入当前相对值零点参数设定界面。

2. 对 X 轴中心：

（1）手动移动铣刀，使其沿 X 方向靠近工件左端面，直到铣刀刃轻微接触到左端面，如图 3-15 所示的刀具位置 1。

（2）保持 X 坐标不变，将铣刀沿 Z 方向退离工件，输入此时的坐标系显示窗口中的坐标值 X_1（注意观察坐标系显示窗口中的 X 值是否变为 0）。

（3）沿 X 轴向工件另一侧移动并下刀。

（4）移动铣刀，使其沿 X 方向靠近工件右端面，直到铣刀刃轻微接触到右端面，记下此时的坐标值 X_2。

（5）保持 X 坐标不变，将铣刀沿 Z 方向退离工件。

（6）沿 X 轴方向移动，并观察 X 坐标值的变化，直到 X 坐标值变为 $\dfrac{X_2}{2}$，此时刀具与工件的位置如图 3-16 所示。

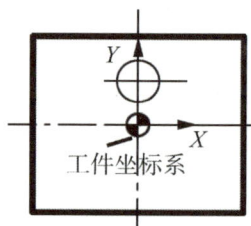

图 3-16 刀具与工件的位置

3. 对 Y 轴中心：

（1）保持 X 坐标不变，手动移动铣刀，使其沿 Y 方向靠近工件后端面，直到铣刀刃轻微接触到后端面，如图 3-17 所示的刀具位置 1。

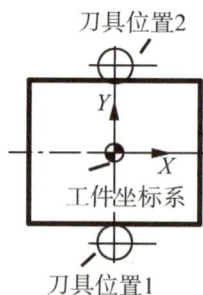

图 3-17 刀具试切工件前后端面

（2）保持 Y 坐标不变,将铣刀沿 Z 方向退离工件,输入此时的坐标系显示窗口中的坐标值 Y_1（注意观察坐标系显示窗口中的 Y 坐标值是否变为 0 ）。

（3）沿 Y 轴向工件另一侧移动并下刀。

（4）移动铣刀,使其沿 Y 方向靠近工件前端面,直到铣刀刃轻微接触到前端面,记下坐标值 Y_2。

（5）保持 Y 坐标不变,将铣刀沿 Z 方向退离工件。

（6）沿 Y 轴方向移动,并观察 Y 坐标值的变化,直到 Y 坐标值变为 $\dfrac{Y_2}{2}$,此时刀具与工件的位置如图 3-18 所示。

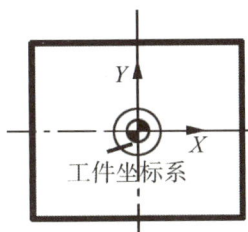

图 3-18　刀具与工件的位置

4. 对 Z 轴:移动铣刀,使其沿 Z 方向下刀,使铣刀刃轻微接触到工件上表面,如图 3-19 所示。

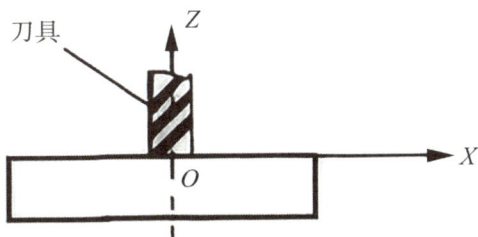

图 3-19　Z 轴对刀

经过步骤 2、3、4 后,刀具与工件在机床上的位置关系为:刀具刀位点与工件上表面中心重合。

5. 在当前相对值零点参数设定界面中使 X、Y 值都为 0。

6. 选择 G54,输入坐标系显示窗口中的 X、Y、Z 值。

7. 将刀具沿 Z 方向退离工件,主轴停止转动,对刀结束。通过对刀,确定了工件坐标系零点在机床坐标系中的位置。

➡ 课题技能实训

🎓 实训一 长方体工件应用 G54 ～ G59 试切法对刀训练

⚙ 实训任务与目标

结合学习的知识,掌握应用 G54 ～ G59 试切法对刀的方法及参数设定,在机床上确定正确的工件坐标系。

⚙ 实训实施

1. 掌握 G54 ～ G59 指令界面的进入方法。

2. 掌握当前相对值零点界面的进入方法。

3. 对长方体工件进行试切法对刀训练。

⚙ 实训评价

实训结束后,填写实训评分表(见表 2-1)。

🎓 实训二 圆柱体工件应用 G54 ～ G59 试切法对刀训练

⚙ 实训任务与目标

结合学习的知识,掌握应用 G54 ～ G59 试切法对刀的方法及参数设定,在机床上确定正确的工件坐标系。

⚙ 实训实施

1. 掌握 G54 ～ G59 指令界面的进入方法。

2. 掌握当前相对值零点界面的进入方法。

3. 对圆柱体工件进行试切法对刀训练。

⚙ 实训评价

实训结束后,填写实训评分表(见表 2-1)。

➡ 课题练习

一、理论部分

1. 数控机床的坐标系有哪两种? 其作用分别是什么? 请指出它们的区别。

2. 开机后执行回参考点操作的目的是什么?

3. 对刀操作的目的和基本方法是什么？

二、实训部分

1. 熟练掌握长方体工件应用 G54 ～ G59 试切法对刀的操作方法和参数设定。
2. 熟练掌握圆柱体工件应用 G54 ～ G59 试切法对刀的操作方法和参数设定。

课题三　数控加工程序的输入与编辑

本课题主要引导学生学习和掌握 HNC-818B 数控系统加工程序的输入、编辑、模拟和校对等操作方法。

➡ 课题学习目标

1. 掌握数控加工程序的输入方法。
2. 能够对数控加工程序进行保存、删除等编辑操作。
3. 掌握数控加工程序的校验、模拟等操作。

➡ 知识学习

在系统主操作界面按"F1"进入程序功能子菜单。在程序功能子菜单下，可以对加工程序进行编辑、存储、检验等操作。

一、选择程序

选择程序的操作步骤如下：

1. 在程序功能子菜单下按"F1"键（选择程序功能）。
2. 在程序列表中用光标键移动蓝色亮条到要选定程序的程序名处。
3. 按"ENTER"回车键，即可将该程序文件选中并调入加工缓冲区。

具体操作如图 3-20 所示。

图 3-20　选择程序

二、删除程序

删除程序的操作步骤如下：

1. 进入程序功能子菜单，按"F1"键（选择程序功能）。

2. 在程序列表中用光标键选定要删除程序的程序名。

3. 按下"DEL"删除键，系统会提示"是否要删除选定的程序"，按"Y"确定，按"N"则取消操作。

注意：删除的程序文件不可再恢复，进行删除操作前应先确定该操作。

具体操作如图 3-21 所示。

图 3-21　删除程序

三、编辑程序

在程序功能子菜单中按"F2"键，将会进入"编辑程序"功能。在编辑过程中会用到以下快捷键：

DEL：删除光标后的一个字符，光标位置不变，余下的字符左移一个位置。

PGUP：向上翻屏，光标位置不变。

PGDW：向下翻屏，光标位置不变。

BS：删除光标前的一个字符，光标向左移动一个字符的位置，余下的字符同样左移一位。

具体操作如图 3-22 所示。

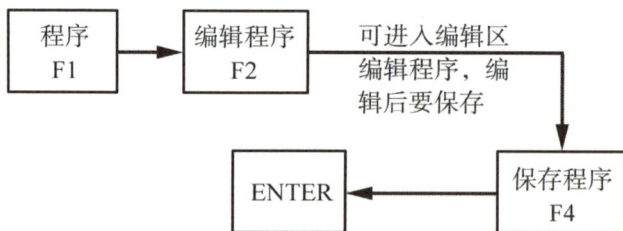

图 3-22　编辑程序

四、新建程序

在编辑程序子菜单中按"F3"键进入"新建程序"功能，在进入此功能后系统提示"输入新建文件名",输入文件名后按回车键即可。具体操作如图 3-23 所示。

图 3-23　新建程序

五、保存程序

在新建程序并编辑完成之后，按 "F4" 键保存程序，系统会显示被保存文件的文件名，确定无误后按回车键即可。

六、程序校验

程序校验是指对调入加工的程序进行检验，并提示可能的错误。具体操作如下：

1. 调入要校验的加工程序。

2. 选择控制面板上的 "自动" 或 "单段" 运行方式。

3. 在程序功能子菜单中按 "F3" 键（程序校验），此时系统会提示 "自动校验"。

4. 按机床操作面板上的循环启动键，程序就开始校验。

5. 若校验正确，光标将返回程序开头；若程序有错误，命令行将提示程序的哪一行有错误，修改后可继续校验。

具体操作如图 3-24 所示。

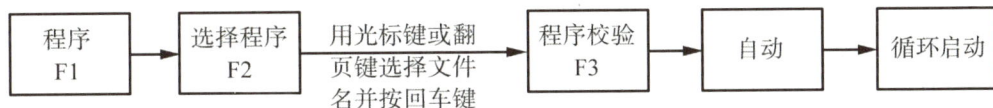

图 3-24　程序校验

七、程序选择运行

在自动运行方式的暂停状态下，除了能从暂停处重启动继续运行外，还可以控制程序从任意行执行。

（一）从红色行开始运行

从红色行开始运行的操作如下：

1. 按机床控制面板上的进给保持键（指示灯亮）。

2. 用上、下光标键移动蓝色亮条到要开始运行的一行，此时蓝色亮条会变为红色亮条。

3. 在运行控制子菜单中按"F1"键，选择"从红色行开始运行"，再按回车键，此时红色亮条变为蓝色亮条。

4. 在操作面板上按循环启动键，即开始从蓝色亮条（红色行）处运行。

（二）从指定行开始运行

从指定行开始运行的操作如下：

1. 按机床控制面板上的进给保持键（指示灯亮）。

2. 在运行控制子菜单中按"F1"键。

3. 用上、下光标键选择"从指定行开始运行"并按回车键，系统提示"请输入行号"。

4. 输入开始运行的行号，按回车键。

5. 确定行号后再按操作面板上的循环启动键，程序从指定行开始运行。

（三）从当前行开始运行

从当前行开始运行的操作如下：

1. 按机床控制面板上的进给保持键（指示灯亮）。

2. 在运行控制子菜单中按"F1"键。

3. 在弹出的对话框中选择"从当前行开始运行"并按回车键。

4. 按循环启动键，程序将从蓝色亮条处开始运行。

八、加工断点的保存与恢复

一些大型工件，其加工时间较长，如果能在加工一段时间后保存断点（让系统记住此时机床的各种状态），关闭电源，并在间隔一段时间后打开电源，恢复断点（让系统恢复上次加工时的状态），从而继续加工，可为用户提供极大的方便。

（一）保存断点

保存断点的操作步骤如下：

1. 在机床控制面板上按进给保持键（指示灯亮）。

2. 在运行控制子菜单中按"F5"键（保存断点），系统会提示"输入保存断点"。

3. 按回车键，系统将自动建立一个名为当前加工程序名，后缀为".bpi"的断点文件（也可改为其他名字,此时不用输入后缀)。

4. 按回车键确定。

(二)恢复断点

恢复断点的操作步骤如下:

1. 在运行控制子菜单中按"F6"键(恢复断点),系统给出所有断点文件。

2. 用上、下光标键移动蓝色亮条到要恢复的断点文件名处,并按回车键。

3. 系统会根据断点文件中的信息,恢复中断运行时的状态,并提示"运行断点已恢复,请在 MDI 功能下返回断点"。

注意:①如果保存断点后关闭了电源,则机床重启后应首先进行回参考点操作;②在恢复断点之前应先选择所保存断点文件的加工程序。

(三)定位至加工断点

定位至加工断点的操作步骤如下:

1. 手动移动坐标轴到断点位置的附近,并确保机床自动返回断点时不会发生碰撞。

2. 在 MDI 功能子菜单中按"F7"键,系统会自动将断点数据输入 MDI 运行程序段。

3. 在确定无误后按循环启动键,系统将自动返回到断点处。

注意:在机床返回断点前必须先使主轴运转,并保证转速和原程序一致。

九、MDI 操作

在主菜单界面中,按"F3"键进入 MDI 功能子菜单。命令行与菜单条的显示如图 3-25 所示。

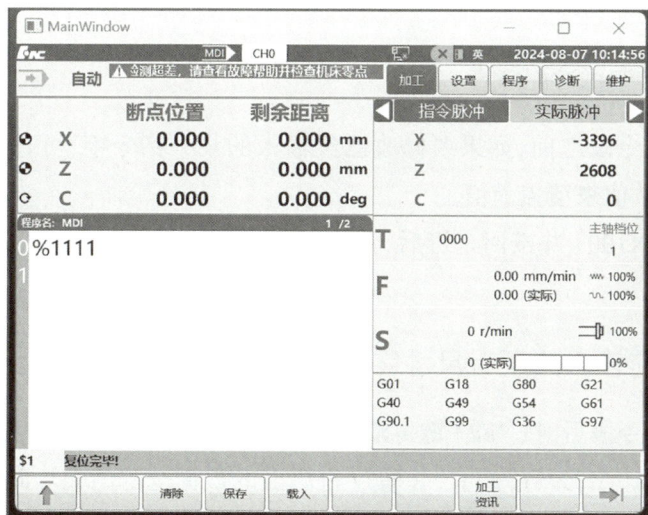

图 3-25　MDI 功能子菜单

在 MDI 功能子菜单中,系统缺省进入 MDI 运行方式,命令行的底色变成白色并伴有光标在闪烁,这时可以从 NC 键盘输入并执行一个 G 代码指令段,即 MDI 运行。

(一)输入 MDI 指令段

MDI 输入的最小单位是一个有效指令字,因此输入一个 MDI 指令段可以有下述两种方法:

(1)一次输入,即一次输入多个指令字的信息。

(2)多次输入,即每次输入一个指令字的信息。

例如,要输入"G00　X100　Y1000"MDI 指令段,可以:

(1)直接输入"G00　X100　Y1000"并按回车键,此时显示窗口内的关键字 G、X、Y 的值将分别变为 00、100、1000。

(2)先输入"G00"并按回车键,显示窗口内将显示大字符"G00";再输入"X100"并按回车键,显示窗口内将显示大字符"X100";然后输入"Y1000"并按回车键,显示窗口内将显示大字符"Y1000"。在输入命令时,可以先在命令行中检查输入的内容。在按回车键之前,若发现输入错误,可用"BS""►""◄"键进行编辑;在按回车键之后,若系统发现输入错误,会提示相应的错误信息,此时可按"F2"键将输入的数据清除。

(二)运行 MDI 指令段

在输入一个 MDI 指令段后,按一下操作面板上的循环启动键,系统将开始运行所输入的 MDI 指令段。

如果输入的 MDI 指令段的信息不完整或存在语法错误,系统会提示相应的错误信息,此时不能运行 MDI 指令段。

(三)修改某一指令字的值

在运行 MDI 指令段之前,如果要修改已经输入的某一指令字,可直接在命令行上输入相应的指令字符及数值来覆盖前值。

例如,在输入"X100"并按回车键后,希望 X 值变为 109,可在命令行上输入"X109"并按回车键。

(四)清除当前输入的所有尺寸字数据

在输入 MDI 指令段后,按"F2"键可清除当前输入的所有尺寸字数据(其他指令字依然有效),显示窗口内 X、Y、Z、I、J、K、R 等字符后面的数据全部消失。此时可重新输入新的数据。

（五）停止当前正在运行的 MDI 指令

在系统正运行 MDI 指令时，按"F1"键可停止 MDI 指令运行。

课题技能实训

实训　程序的输入与编辑

实训任务与目标

通过学习相关知识，对 HNC-818B 数控系统进行程序的输入与编辑操作，熟练掌握机床控制面板的操作。

实训实施

1. 选择机床上已有的加工程序，对其进行删除和校验等操作。

2. 新建一个加工程序，对其进行编辑、保存和校验等操作。

3. 对加工程序执行"程序选择运行"操作。

4. 利用 MDI 功能执行指令控制。

注意：实训中的所有操作必须以机床锁住为前提，在实训期间不得擅自解除，以免发生危险。

实训评价

实训结束后，填写实训评分表（见表 2-1）。

课题练习

一、理论部分

1. 简述程序校验的方法。

2. 程序选择运行有哪几种方式？

二、实训部分

1. 输入下面的加工程序，并执行程序编辑和校验等相关操作。

%0068

N10　G92　X0　Y0　Z50

N15　G90　G17　M03　S600

N20　G43　Z-5　H02

N25　M98　P200

N30　G68　X0　Y0　P45

N40　M98　P200

N60　G68　X0　Y0　P90

N70　M98　P200

N80　G49　Z50

N90　G69　M05　M30

%200

N100　G41　G01　X20　Y−5　D02　F300

N105　Y0

N110　G02　X40　I10

N120　X30　I−5

N130　G03　X20　I−5

N140　G00　Y−6

N145　G40　X0　Y0

N150　M99

2. 在 MDI 功能下运行下列程序段和指令：

① M03　S800

② G91　G01　X−100　F100

③ G91　G01　Y−50　F100

④ G91　G01　X−100　Y−50　F100

⑤ G91　G01　Z30　F50

模块四　平面图形加工

内容介绍

本模块主要引导学生学习直线图形、圆弧图形和一般形状图形的加工方法,使学生熟练掌握数控铣床加工程序的编制和加工路线的制定方法,理解和运用快速定位、直线插补、圆弧插补等指令。

课程思政

古希腊数学家欧几里得一生致力于数学,特别是几何学的研究。他的著作《几何原本》成为欧洲数学的经典之作,对后世产生了深远的影响。

据说有一次,欧几里得在街上散步,看到一位工匠正在制作一个复杂的机械装置。他停下来仔细观察,发现工匠在制作过程中运用了许多基本的几何原理。欧几里得非常欣赏工匠的技术,向工匠请教了几个问题,并学习了很多机械制作的知识。

欧几里得的几何学研究不仅对数学领域产生了重要影响,还为机械制造和建筑等领域提供了重要的理论支持。他的研究成果被广泛应用于实际生产中,为当时的希腊带来了巨大的经济效益。

心得感悟

学习技术是非常有用的。通过掌握基本的技术原理和方法,我们可以将知识应用到实际生活中,解决实际问题。同时,技术的学习也可以激发我们的创新思维,推动科学和社会的进步。

课题一　直线图形加工

● 课题学习目标

1. 掌握 N、F、S、M、G 等功能指令的基本内容。

2. 熟悉数控铣床加工路线的制定方法。

3. 掌握 G00、G01 指令的应用方法。

4. 会编制完整的数控铣床加工程序。

5. 了解 HNC-818B 系统常用的 G 指令。

● 知识学习

本课题主要完成如图 4-1 所示零件的编程加工，零件的三维效果图如图 4-2 所示。

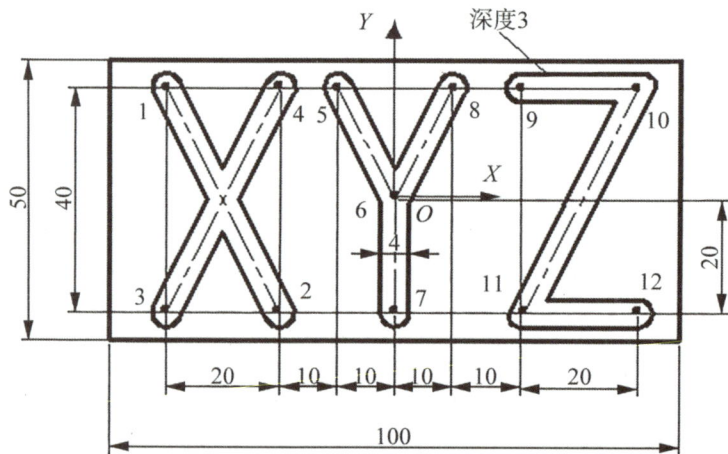

图 4-1　零件图

图 4-2　零件三维效果图

一、XK714 基本铣削加工路线

以铣削"X"为例, XK714 的基本铣削加工路线如图 4-3 所示。

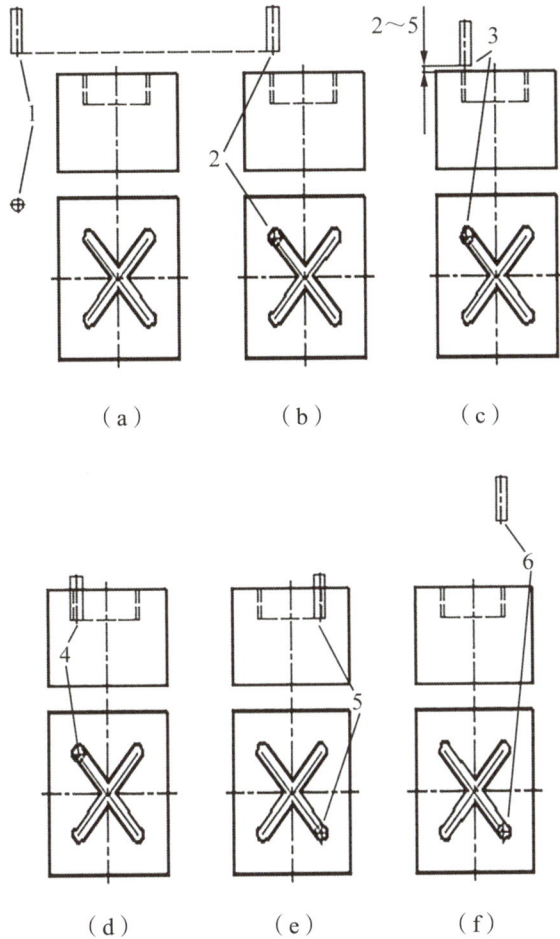

（a）　　　　　　（b）　　　　　　（c）

（d）　　　　　　（e）　　　　　　（f）

图 4-3　XK714 基本铣削加工路线

1. 图 4-3（a）中, 刀具最初高于工件上表面一定距离（Z 向）, 其他方向（X 向、Y 向）可在任意位置。

2. 图 4-3（b）中, 刀具高度不变, 而从俯视图来看, 刀具定位于加工路线第一个点的左上方。

3. 图 4-3（c）中, 刀具下刀, 定位于离工件上表面 2 ~ 5 mm 处。

4. 图 4-3（d）中, 刀具下刀, 进给至加工深度位置（如果深度过大, 需要多次下刀才能完成加工, 那么该深度位置为每层下刀深度）。

5. 图 4-3（e）中, 刀具深度位置不变, 进给完成工件轮廓的加工。

6. 图 4-3（f）中, 刀具向上抬起至高于工件上表面一定距离（一般高出 50 mm）。

二、准备功能字（G 指令）

G 指令从 G00 到 G99 共 100 个,前置的"0"可以省略,如 G00 与 G0,G01 与 G1 等可以互用。

指令使用说明:不同数控系统的 G 指令各不相同,同一数控系统中不同型号的 G 指令也会有变化,使用时应以数控机床的说明书为准。

HNC-818B 常用 G 指令的功能见表 4-1。

表 4-1 常用 G 指令的功能

指令	含义	指令	含义
G00	快速定位	G50	缩放关
G01	直线插补	G51	缩放开
G02	顺圆插补	G52	局部坐标系设定
G03	逆圆插补	G53	直接机床坐标系编程
G04	暂停	G54	选择坐标系 1
G07	虚轴指定	G55	选择坐标系 2
G09	准停校验	G56	选择坐标系 3
G17	XOY 平面选择	G57	选择坐标系 4
G18	XOZ 平面选择	G58	选择坐标系 5
G19	YOZ 平面选择	G59	选择坐标系 6
G20	英寸输入	G60	单方向定位
G21	毫米输入	G61	精确停止方式
G22	脉冲当量	G64	连续加工方式
G24	镜像开	G65	子程序调用
G25	镜像关	G68	旋转变换开始
G28	返回到参考点	G69	旋转变换取消
G29	从参考点返回	G73	深孔高速钻循环
G40	刀具半径补偿取消	G74	反攻丝循环
G41	刀具半径左补偿	G76	精镗循环
G42	刀具半径右补偿	G80	固定循环取消
G43	刀具长度正向补偿	G81	中心钻循环
G44	刀具长度负向补偿	G82	带停顿钻孔循环
G49	刀具长度补偿取消	G83	深孔钻循环

指令	含义	指令	含义
G84	攻丝循环	G91	增量值编程
G85	镗孔循环	G92	坐标系设定
G86	镗孔循环（孔底主轴停转）	G94	每分进给
G87	反镗循环	G95	每转进给
G88	手动精镗循环	G98	固定循环后返回起始点
G89	带停顿镗孔循环	G99	固定循环后返回参考点
G90	绝对值编程		

（一）快速定位 G00 指令

1.指令功能：刀具以机床规定的速度（快速）运动至目标点（终点）。

2.指令格式：

G00　X_　Y_　Z_

其中，X、Y、Z 为快速定位终点的坐标。

如图 4-4 所示，刀具从点 A 快速定位至点 B（20，30），数控程序为：

G00　X20　Y30

3.指令使用说明：

① 用 G00 指令快速定位时，无须指定进给速度。

② G00 指令默认的运动速度快，容易撞刀，只能用于加工前快速定位或加工后快速退刀，以减少运动时间，提高加工效率。

③ 在执行 G00 指令时，由于各轴以各自速度移动，不能保证各轴同时到达终点，因而联动轨迹不一定是直线，如图 4-5 所示。

操作者在使用 G00 指令时必须格外小心，避免刀具与工件发生接触（碰撞）。常见的做法是 X、Y 轴定位与 Z 轴定位分两个程序段书写，如：

G00　X0　Y0

　　　Z5　（G00 为续效指令，可省略不写）

图 4-4　快速定位

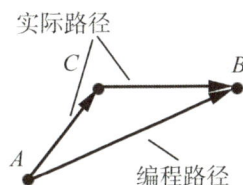

图 4-5　G00 指令下的运动轨迹

（二）直线插补 G01 指令

1.指令功能：刀具以给定的进给速度 F，从当前位置按直线方式运动到指定的终点。

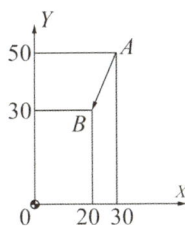

2. 指令格式：

G01 X_ Y_ Z_ F_

其中，X、Y、Z 为直线进给终点的坐标；F 为刀具的进给速度，单位缺省为毫米 / 分（mm/min）。

例题：如图 4-6 所示，刀具从起始点依次直线进给至 N10、N20 程序段终点，程序为：

N10　G01　X150　Y25　F100

N20　X50　Y75

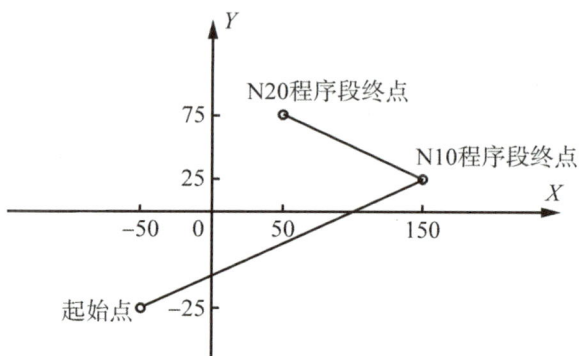

图 4-6　G01 指令应用例题

3. 指令使用说明：G01 指令的轨迹为直线，使用时必须在第一次出现的程序段中给定刀具的进给速度。

三、铣削用量

铣削用量包括铣削速度、进给量、背吃刀量（铣削深度）和侧吃刀量（铣削宽度）等要素，如图 4-7 所示。

（a）圆周铣削　　　　　　　　　　　　（b）端铣削

v_c—铣削速度；f_z—每齿进给量；v_f—进给速度；a_p—背吃刀量；a_e—侧吃刀量。

图 4-7　铣削用量各要素

（一）铣削速度 v_c

铣削速度 v_c 即铣刀最大直径处的线速度,可由下式计算:

$$v_c = \frac{\pi D n}{1000}$$

式中: v_c—铣削速度（mm/min）; D—铣刀直径（mm）; n—主轴转速（铣刀每分钟转数）（r/min）。

由公式可得主轴转速的计算公式:

$$n = \frac{1000 v_c}{\pi D}$$

铣削速度可通过切削手册查表得到,常用铣削速度见表4-2。

表 4-2　常用铣削速度表

单位:（mm·min^{-1}）

工件材料	铣刀材料					
	碳素钢	高速钢	超高速钢	合金钢	碳化钛	碳化钨
铝合金	75～150	180～300		240～460		300～600
镁合金		180～270				150～600
钼合金		45～100				120～190
黄铜（软）	12～25	20～25		45～75		100～180
青铜	10～20	20～40		30～50		60～130
青铜（硬）		10～15	15～20			40～60
铸铁（软）	10～12	15～20	18～25	28～40		75～100
铸铁（硬）		10～15	10～20	18～28		45～60
铸铁（冷）			10～15	12～18		30～60
可锻铸铁	10～15	20～30	25～40	35～45		75～110
低碳钢	10～14	18～28	20～30		45～70	
中碳钢	10～15	15～25	18～28		40～60	
高碳钢		10～15	12～20		30～45	
合金钢					35～80	
合金钢（硬）					30～60	
高速钢			15～25		45～70	

（二）进给量

铣削时,工件在进给运动方向上相对刀具的移动量即为进给量。由于铣刀为多刃刀具,计算时根据单位时间不同,有以下三种度量指标:

1. 每齿进给量 f_z（mm/z）,指铣刀每转过一个刀齿,工件相对铣刀的进给量,即铣刀每转过一个刀齿,工件沿进给方向移动的距离。

2. 每转进给量 f（mm/r）,指铣刀每转一次,工件相对铣刀的进给量,即铣刀每转一次,工件沿进给方向移动的距离。

3. 每分钟进给量 v_f（mm/min）,又称进给速度,指每分钟工件相对铣刀的进给量,即每分钟工件沿进给方向移动的距离。

上述三者的关系为: $v_f = nf = nzf_z$。其中, z 为齿数。

每齿进给量可通过切削手册查表得到,见表4-3。

表4-3 铣刀每齿进给量表

单位:(mm · z^{-1})

工件材料	铣刀类型						
	平铣刀	面铣刀	圆柱铣刀	端铣刀	成型铣刀	高速钢镶刃铣刀	硬质合金镶刃铣刀
铸铁	0.2	0.2	0.07	0.05	0.04	0.3	0.1
可锻铸铁	0.2	0.15	0.07	0.05	0.04	0.3	0.09
低碳钢	0.2	0.2	0.07	0.05	0.04	0.3	0.09
中高碳钢	0.15	0.15	0.06	0.04	0.03	0.2	0.08
铸钢	0.15	0.1	0.07	0.04	0.04	0.2	0.08
镍铬钢	0.1	0.1	0.05	0.02	0.02	0.15	0.06
高镍铬钢	0.1	0.1	0.04	0.02	0.02	0.1	0.05
黄铜	0.2	0.2	0.07	0.05	0.04	0.03	0.21
青铜	0.15	0.15	0.07	0.05	0.04	0.03	0.1
铝	0.1	0.1	0.07	0.05	0.04	0.02	0.1
Al–Si 合金	0.1	0.1	0.07	0.05	0.04	0.18	0.08
Mg–Al–Zn 合金	0.1	0.1	0.07	0.04	0.03	0.15	0.08
Al–Cu–Mg 合金	0.15	0.1	0.07	0.05	0.04	0.02	0.1
Al–Cu–Si 合金							

（三）背吃刀量

背吃刀量又称铣削深度，为平行于铣刀轴线方向测量的切削层尺寸（切削层是指工件上正被刀刃切削着的那层金属），用 a_p 表示，单位为 mm。

背吃刀量 a_p 的取值：$a_p \leq \phi/2$（$\phi \leq 14$ mm，ϕ 为刀具直径）；$a_p \leq 7$ mm（$\phi > 14$ mm）。

（四）侧吃刀量

侧吃刀量又称铣削宽度，是垂直于铣刀轴线方向测量的切削层尺寸，用 a_e 表示，单位为 mm。

侧吃刀量 a_e 的取值：$a_e \leq 0.8\phi$。

例题：使用 $\phi 12$ 三齿高速钢平铣刀加工 45 钢，计算铣削用量。

由题可得：$z = 3$，$D = 12$ mm。

查表可得：v_c 取 $15 \sim 25$ mm/min，$f_z = 0.15$ mm。

根据公式计算可得：

$$n = \frac{1000v_c}{\pi D} = \frac{1000 \times 20}{3.14 \times 12} \text{ r/min} = 530.79 \text{ r/min}，取 } n \text{ 为 } 530 \text{ r/min}。$$

$v_f = nzf_z = 530 \times 3 \times 0.15$ mm/min $= 238.5$ mm/min，取 v_f 为 200 mm/min。

$a_p \leq \phi/2 = 12/2$ mm $= 6$ mm，取 $a_p = 6$ mm。

$a_e \leq 0.8\phi = 0.8 \times 12$ mm $= 9.6$ mm，取 $a_e = 9$ mm。

四、加工工艺分析

（一）刀具选择

本课题所加工图形的宽度为 4 mm，为简便起见，刀具选择 $\phi 4$ 高速钢键槽铣刀（2 齿）。

（二）加工工艺方案

1. 加工工艺路线。

不用分粗、精加工，一次垂直下刀至要求的深度尺寸，加工路线考虑路径最短原则即可。对于不连续图形，应注意设置抬刀工艺。

根据图 4-1 和图 4-2，可得加工工艺路线为：

（1）刀具快速定位至 1 点→下刀→直线加工至 2 点→抬刀，快速定位至 3 点→下刀→直线加工至 4 点→抬刀。（加工字母"X"）

（2）刀具快速定位至 5 点→下刀→直线加工至 6 点→直线加工至 7 点→抬刀，快速定位至 8 点→下刀→直线加工至 6 点→抬刀。（加工字母"Y"）

（3）刀具快速定位至 9 点→下刀→直线加工至 10 点→直线加工至 11 点→直线加工至 12 点→抬刀。（加工字母"Z"）

2. 铣削用量的选择。

已知工件材料为石蜡（相关参数按中碳钢选取），结合表 4-2 和表 4-3 选取参数，计算可得铣削用量：

主轴转速：800 r/min。

进给速度：150 mm/min。

背吃刀量：3 mm。

侧吃刀量：4 mm。

（三）程序编制

1. 工件坐标系的建立。

根据工件坐标系的建立原则，选择图 4-1 所示工件上表面的中心为工件零点。

2. 基点坐标的计算。

由图 4-1 可知，加工图形的深度一致为 3 mm，因此 1 ~ 12 点的 Z 值都为 -3，X、Y 值如表 4-4 所示。

表 4-4　基点坐标

基点	坐标（X，Y）	基点	坐标（X，Y）	基点	坐标（X，Y）
1	（-40，20）	5	（-10，20）	9	（20，20）
2	（-20，-20）	6	（0，0）	10	（40，20）
3	（-40，-20）	7	（0，-20）	11	（20，-20）
4	（-20，20）	8	（10，20）	12	（40，-20）

3. 加工参考程序。

文件名为 OXYZ，程序名为 %0301，加工参考程序见表 4-5。

表 4-5　加工参考程序

程序段号	程序内容	动作说明
N01	G54	建立工件坐标系
N02	M03　S800	启动主轴正转，转速为 800 r/min
N03	G00　X-40　Y20	刀具快速定位至 1 点上方

程序段号	程序内容	动作说明
N04	Z5	快速下刀至工件上表面 5 mm 处
N05	G01　Z-3　F150	直线下刀至要求的加工深度 3 mm 处
N06	X-20　Y-20	直线进给至 2 点
N07	G00　Z10	快速抬刀至工件上表面 10 mm 处
N08	X-40　Y-20	刀具快速定位至 3 点上方
N09	Z5	快速下刀至工件上表面 5 mm 处
N10	G01　Z-3　F150	直线下刀至要求的加工深度 3 mm 处
N11	X-20　Y20	直线进给至 4 点
N12	G00　Z10	快速抬刀至工件上表面 10 mm 处
N13	X-10　Y20	刀具快速定位至 5 点上方
N14	Z5	快速下刀至工件上表面 5 mm 处
N15	G01　Z-3　F150	直线下刀至要求的加工深度 3 mm 处
N16	X0　Y0	直线进给至 6 点
N17	Y-20	直线进给至 7 点
N18	G00　Z10	快速抬刀至工件上表面 10 mm 处
N19	X10　Y20	刀具快速定位至 8 点上方
N20	Z5	快速下刀至工件上表面 5 mm 处
N21	G01　Z-3　F150	直线下刀至要求的加工深度 3 mm 处
N22	X0　Y0	直线进给至 6 点
N23	G00　Z10	快速抬刀至工件上表面 10 mm 处
N24	X20　Y20	刀具快速定位至 9 点上方
N25	Z5	快速下刀至工件上表面 5 mm 处
N26	G01　Z-3　F150	直线下刀至要求的加工深度 3 mm 处
N27	X40	直线进给至 10 点
N28	X20　Y-20	直线进给至 11 点
N29	X40	直线进给至 12 点
N30	G00　Z50	快速抬刀至工件上表面 50 mm 处

续表

程序段号	程序内容	动作说明
N31	M05	主轴停止
N32	M30	程序结束并返回开头

课题技能实训

实训 直线图形实际加工技能训练

实训任务与目标

根据课程讲解的直线图形加工参考程序,利用 XK714 数控铣床完成实际加工操作。在该实训中,主要完成开机、回参考点、工件和刀具装夹、G54 中心对刀法、程序输入与校验模拟、零件实际加工等操作。

实训实施

1. 加工准备。

(1)开机、回参考点操作。

(2)工件装夹:把工件装夹在平口钳上,工件下面垫上平垫铁,使工件伸出钳口 5～10 mm,夹紧工件。

(3)刀具装夹:选用 φ4 键槽铣刀,按照正确装夹方法,先把弹簧夹头装入锁紧螺母中,再装入键槽铣刀,最后将刀柄装入主轴并上紧。

2. 对刀。

应用 G54 指令,采用中心试切法对刀。

3. 零件加工。

(1)程序输入与校验模拟:先完成程序输入,然后应用相应功能进行程序校验。观察显示屏显示的模拟图形是否与要求的图形一致,若不一致,找出问题所在并更正,直至无误。

(2)零件自动加工:选择"自动"工作方式,并按循环启动键,执行零件加工程序的自动加工。

4. 操作注意事项。

(1)垂直进给时,刀具只能选用 2 齿键槽铣刀,不能使用立铣刀。

(2)刀具、工件应按要求夹紧。若选用的工件材料为石蜡,切记轻轻夹紧即可,不要用力过大,以免石蜡工件碎裂。

(3)对刀操作应正确熟练,时刻注意手动移动方向,及时调整进给倍率大小,避免因移动方向错误或进给倍率过大而发生撞刀或对刀错误。

（4）加工前应仔细检查加工程序，尤其检查垂直下刀是否用了 G00 指令，一个轮廓加工完毕是否设置了抬刀（避免撞刀）的关键程序。

（5）加工时应关好防护门，进行程序模拟时应按下机床锁住键。

（6）如有意外情况发生，应及时按下急停按钮，并查找原因。

实训评价

实训结束后，填写课题实训测评表（见表 4-6 ）。

表 4-6　课题实训测评表

姓名		班级			课题名称		
基本项目	序号	测评内容		配分	学生自评	教师评分	对学生自评的评分
编程	1	铣削加工工艺制定正确		10			
	2	铣削用量选择合理		5			
	3	程序正确、简单、规范		20			
操作	4	设备操作、维护保养规范		5			
	5	安全、文明生产		10			
	6	刀具选择与安装正确、规范		5			
	7	工件安装正确、规范		5			
实训态度	8	行为规范，遵守纪律		10			
尺寸检测	9	工件加工完整		30			
综合得分							

课题练习

一、理论部分

1. 简述 XK714 的基本铣削加工路线。

2. 铣削用量的要素包括哪些内容？

3. 加工 45 钢工件，分别选用 2 齿 $\phi 6$、3 齿 $\phi 8$ 和 4 齿 $\phi 10$ 的高速钢键槽铣刀与硬质合金键槽铣刀，试分别计算铣削用量各要素。

二、实训部分

1. 编程加工如图 4-8 所示的图形。

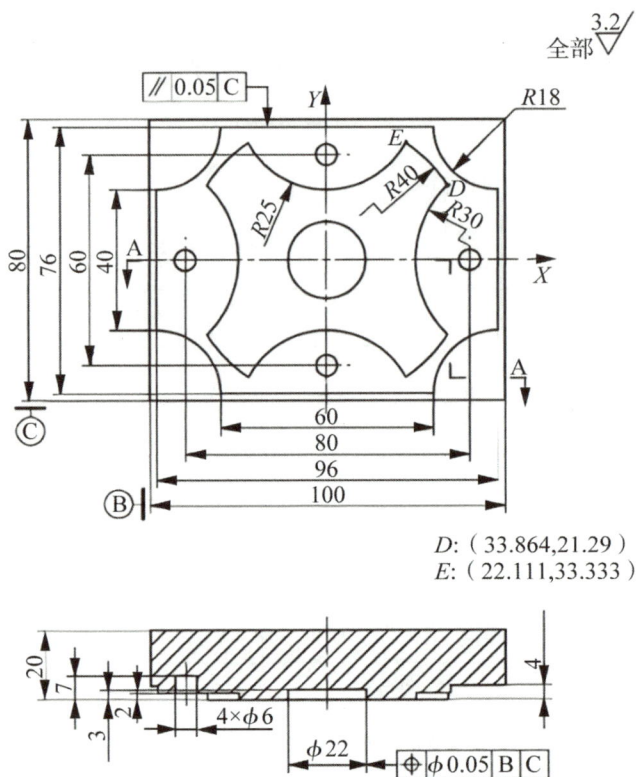

D: (33.864, 21.29)
E: (22.111, 33.333)

图 4-8 零件图

2. 利用计算机绘图软件，自行设计图形并编程加工。

课题二 圆弧图形加工

课题学习目标

1. 掌握 N、F、S、M、G 等功能指令的基本内容。

2. 熟悉数控铣床加工路线的制定方法。

3. 掌握 G02、G03 指令的应用方法。

4. 掌握 G17、G18、G19 指令的应用方法。

5. 会计算基点坐标。

知识学习

本课题主要完成图 4-9 所示零件的编程加工,其三维效果图如图 4-10 所示。

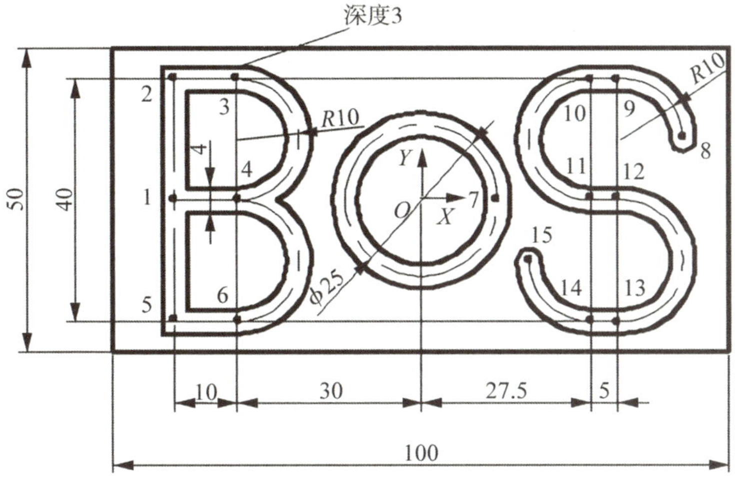

图 4-9　零件图

图 4-10　零件三维效果图

一、编程指令

(一)平面选择指令(G17、G18、G19)

1. 指令功能。

在数控铣床上应用 G02、G03 进行圆弧插补和螺旋线插补,以及应用刀具补偿指令(刀具半径补偿指令 G41、G42 和刀具长度补偿指令 G43、G44)时,必须首先确定一个平面,即确定一个由两个坐标轴构成的坐标平面,这些指令才能有效。

2. 指令说明。

数控铣床有三个不同的坐标平面,具体指令与坐标平面的对应关系如图 4-11 所示。

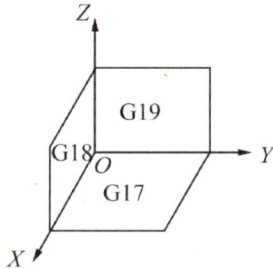

图 4-11 平面选择指令

由图 4-11 可知: G17 指令(缺省指令)与 *XOY* 平面对应, G18 指令与 *XOZ* 平面对应, G19 指令与 *YOZ* 平面对应。

(二)圆弧插补指令

1. 指令功能。

圆弧插补指令的功能是使刀具以给定的进给速度 F,从当前位置按圆弧轨迹运动到指定的终点。

2. 指令代码。

圆弧插补指令代码有两个,根据圆弧方向不同分别是 G02 和 G03。G02 和 G03 的方向判别如图 4-12 所示。

3. 指令格式。

(1)格式一:圆弧半径方式。如下所示:

$$\begin{Bmatrix} G17 \\ G18 \\ G19 \end{Bmatrix} \begin{Bmatrix} G02 \\ G03 \end{Bmatrix} \begin{Bmatrix} X\text{-} \ Y\text{-} \\ X\text{-} \ Z\text{-} \\ Y\text{-} \ Z\text{-} \end{Bmatrix} R\text{-} \ F\text{-}$$

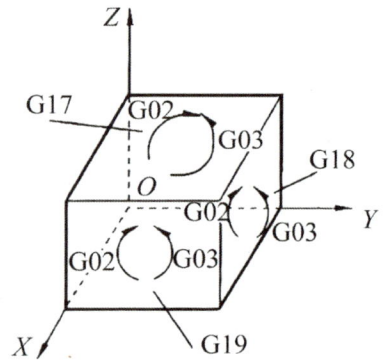

图 4-12 G02 和 G03 的方向判别

其中, X、Y、Z 为各坐标平面对应的圆弧终点坐标;R 为圆弧半径;F 为圆弧插补进给速度,单位缺省为毫米 / 分(mm/min)。

圆弧半径方式中,当圆弧圆心角 α 小于 180° 时,半径为正(+);当圆弧圆心角 α 大于等于 180° 时,半径为负(-),如图 4-13 所示。该方式不能用于编制整圆插补。

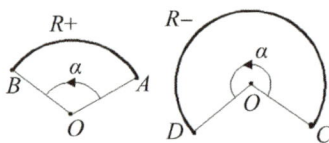

图 4-13 圆弧半径方式

例题：如图 4-14 所示，以圆弧半径方式编制 a、b 两段圆弧的加工程序段，圆弧进给方向为从 A 到 B。

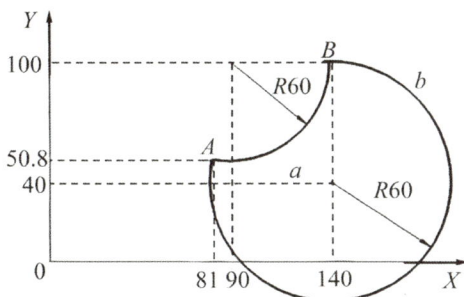

图 4-14　G02/G03 应用例题

圆弧 a 的加工指令：

G17　G03　X140　Y100　R60　F150

圆弧 b 的加工指令：

G17　G03　X140　Y100　R-60　F150

（2）格式二：圆心坐标方式。如下所示：

$$\begin{Bmatrix} G17 \\ G18 \\ G19 \end{Bmatrix} \begin{Bmatrix} G02 \\ G03 \end{Bmatrix} \begin{Bmatrix} X- & Y- \\ X- & Z- \\ Y- & Z- \end{Bmatrix} \begin{Bmatrix} I- & J- \\ I- & K- \\ J- & K- \end{Bmatrix} F-$$

其中，X、Y、Z 表示各坐标平面对应的圆弧终点坐标；I、J、K 表示圆弧圆心相对于圆弧起点的增量坐标，如图 4-15 所示；F 表示圆弧插补进给速度，单位缺省为毫米 / 分。

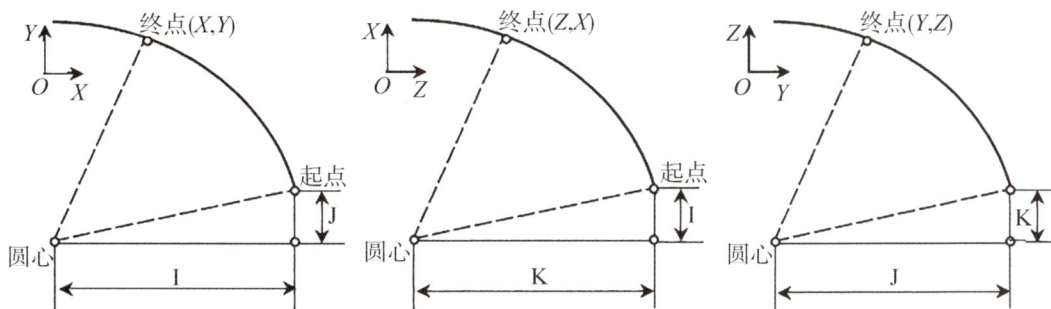

图 4-15　I、J、K 的选择

计算 I、J、K 的增量坐标时，首先计算出圆弧的圆心和起点的绝对坐标，然后用各方向的圆心绝对坐标减去相应的起点绝对坐标。

例题：如图 4-14 所示，以圆心坐标方式编制 a、b 两段圆弧的加工程序段，圆弧进给方向为从 A 到 B。

对于圆弧 a，圆心的绝对坐标为（90,100），起点 A 的绝对坐标为（81,50.8），因此圆心增量分别为：

$$I = 90-81 = 9, J = 100-50.8 = 49.2$$

程序段为：

G17　G03　X140　Y100　I9　J49.2　F150

对于圆弧 b，圆心的绝对坐标为（140,40），起点 A 的绝对坐标为（81,50.8），因此圆心增量分别为：

$$I = 140-81 = 59, J = 40-50.8 = -10.8$$

程序段为：

G17　G03　X140　Y100　I59　J-10.8　F150

例题：如图 4-16 所示，编制整圆插补加工程序段。

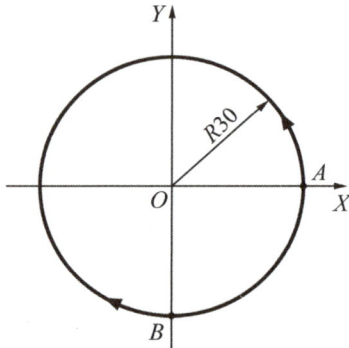

图 4-16　整圆插补例题

若从 A 点逆时针加工，加工程序段为：

G03　X30　Y0　I-30　J0　F150

若从 B 点顺时针加工，加工程序段为：

G02　X0　Y-30　I0　J30　F150

二、加工工艺分析

（一）刀具选择

本课题所加工图形的宽度为 4 mm，为简便起见，刀具选择 $\phi4$ 高速钢键槽铣刀（2 齿）。

（二）加工工艺方案

1. 加工工艺路线。

不用分粗、精加工，一次垂直下刀至要求的深度尺寸，加工路线考虑路径最短原则即可。

对于不连续图形,刀具应注意设置抬刀工艺。

如图4-9和图4-10所示,加工工艺路线为:

(1)刀具快速定位至1点→下刀→直线加工至2点→直线加工至3点→圆弧加工至4点→直线加工至1点→直线加工至5点→直线加工至6点→圆弧加工至4点→抬刀。(加工字母"B")

(2)刀具快速定位至7点→下刀→圆弧加工至7点→抬刀。(加工字母"O")

(3)刀具快速定位至8点→下刀→圆弧加工至9点→直线加工至10点→圆弧加工至11点→直线加工至12点→圆弧加工至13点→直线加工至14点→圆弧加工至15点→抬刀。(加工字母"S")

2.铣削用量的选择。

已知工件材料为石蜡(相关参数按中碳钢选取),结合表4-2和表4-3选取参数,计算可得铣削用量:

主轴转速:800 r/min。

进给速度:150 mm/min。

背吃刀量:3 mm。

侧吃刀量:4 mm。

(三)程序编制

1.工件坐标系的建立。

根据工件坐标系的建立原则,选择图4-9所示工件上表面的中心为工件零点。

2.基点坐标的计算。

由图4-9可知,加工图形的深度一致为3 mm,因此1～15点的Z值都为−3,X、Y值见表4-7。

表4-7　基点坐标

基点	坐标(X,Y)	基点	坐标(X,Y)	基点	坐标(X,Y)
1	(−40,0)	6	(−30,−20)	11	(27.5,0)
2	(−40,20)	7	(12.5,0)	12	(32.5,0)
3	(−30,20)	8	(42.5,10)	13	(32.5,−20)
4	(−30,0)	9	(32.5,20)	14	(27.5,−20)
5	(−40,−20)	10	(27.5,20)	15	(17.5,−10)

3. 加工参考程序。

文件名为 OBOS,程序名为 %0302,加工参考程序见表 4-8。

表 4-8 加工参考程序

程序段号	程序内容	动作说明
N01	G54	建立工件坐标系
N02	M03　S800	启动主轴正转,转速为 800 r/min
N03	G00　X-40　Y0	刀具快速定位至 1 点上方
N04	Z5	快速下刀至工件上表面 5 mm 处
N05	G01　Z-3　F150	直线下刀至要求的加工深度 3 mm 处
N06	X-40　Y20	直线进给至 2 点
N07	X-30	直线进给至 3 点
N08	G02　Y0　R-10	圆弧进给至 4 点
N09	G01　X-40	直线进给至 1 点
N10	Y-20	直线进给至 5 点
N11	X-30	直线进给至 6 点
N12	G03　Y0　R-10	圆弧进给至 4 点
N13	G00　Z10	快速抬刀至工件上表面 10 mm 处
N14	X12.5　Y0	刀具快速定位至 7 点上方
N15	Z5	快速下刀至工件上表面 5 mm 处
N16	G01　Z-3　F150	直线下刀至要求的加工深度 3 mm 处
N17	G02　I-12.5	整圆进给至 7 点
N18	G00　Z10	快速抬刀至工件上表面 10 mm 处
N19	X42.5　Y10	刀具快速定位至 8 点上方

程序段号	程序内容	动作说明
N20	Z5	快速下刀至工件上表面 5 mm 处
N21	G01　Z−3　F150	直线下刀至要求的加工深度 3 mm 处
N22	G03　X32.5　Y20　R10	圆弧进给至 9 点
N23	G01　X27.5	直线进给至 10 点
N24	G03　Y0　R−10	圆弧进给至 11 点
N25	G01　X32.5	直线进给至 12 点
N26	G03　Y−20　R−10	圆弧进给至 13 点
N27	G01　X27.5	直线进给至 14 点
N28	G03　X17.5　Y−10　R10	圆弧进给至 15 点
N29	G00　Z50	快速抬刀至工件上表面 50 mm 处
N30	M05	主轴停止转动
N31	M30	程序结束并返回开头

➡ 课题技能实训

🎓 实训　圆弧图形实际加工技能训练

⚙ 实训任务与目标

　　根据课程讲解的圆弧图形加工参考程序,利用 XK714 数控铣床完成实际加工操作。在该实训中,主要完成开机、回参考点、工件和刀具装夹、G54 中心对刀法、程序输入与校验模拟、零件实际加工等操作。

⚙ 实训实施

　　1. 加工准备。

　　(1)开机、回参考点操作。

　　(2)工件装夹:把工件装夹在平口钳上,工件下面垫上平垫铁,使工件伸出钳口 5 ～ 10 mm,

夹紧工件。

（3）刀具装夹：选用 $\phi 4$ 键槽铣刀，按照正确装夹方法，先把弹簧夹头装入锁紧螺母中，再装入键槽铣刀，最后将刀柄装入主轴并上紧。

2. 对刀。

应用 G54 指令，采用中心试切法对刀。

3. 零件加工。

（1）程序输入与校验模拟：先完成程序输入，然后应用相应功能进行程序校验。观察显示屏显示的模拟图形是否与要求的图形一致，若不一致，找出问题所在并更正，直至无误。

（2）零件自动加工：选择"自动"工作方式，并按循环启动键，执行零件加工程序的自动加工。

4. 操作注意事项。

（1）垂直进给时，刀具只能选用2齿键槽铣刀，不能使用立铣刀。

（2）刀具、工件应按要求夹紧。若选用的工件材料为石蜡，切记轻轻夹紧即可，不要用力过大，以免石蜡工件碎裂。

（3）对刀操作应正确熟练，时刻注意手动移动方向，及时调整进给倍率大小，避免因移动方向错误和进给倍率过大而发生撞刀或对刀错误。

（4）加工前应仔细检查加工程序，尤其检查垂直下刀是否用了 G00 指令，一个轮廓加工完毕是否设置了抬刀（避免撞刀）的关键程序。

（5）加工时应关好防护门，进行程序模拟时应将机床锁住。

（6）如有意外情况发生，应及时按下急停按钮，并查找原因。

实训评价

实训结束后，填写课题实训测评表（见表4-6）。

课题练习

一、理论部分

1. 坐标平面选择指令有哪些？它们分别对应哪个平面？应用方法是什么？

2. 圆弧插补指令有哪两种不同方式？使用时分别需要注意什么？

二、实训部分

1. 编程加工如图4-17所示的图形（图中最上方为环形凸台）。

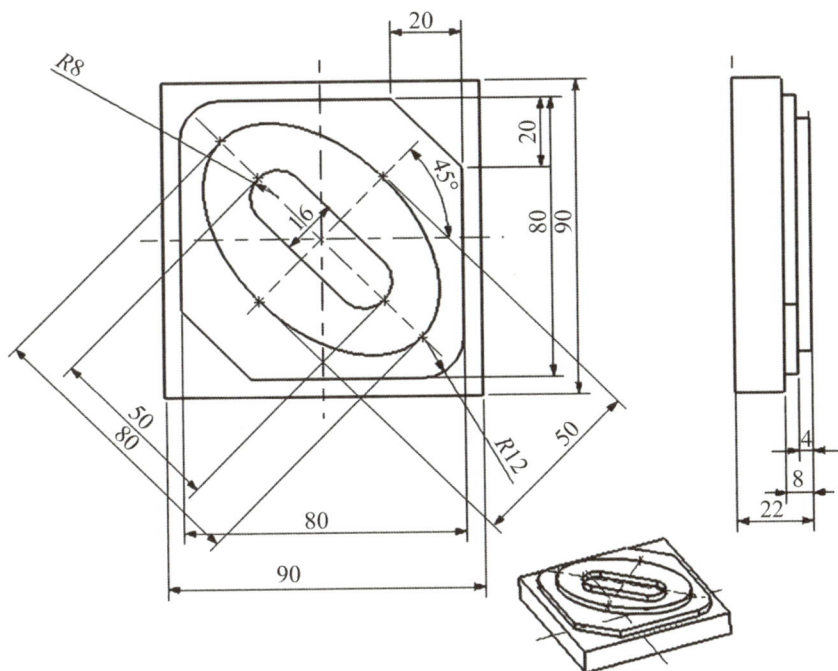

图 4-17　零件图

2. 利用计算机绘图软件,参考图 4-18 所示的各车标图形,自行设计图形及尺寸并编程加工。

图 4-18　车标图形

3. 利用计算机绘图软件,自行设计图形及尺寸并进行编程加工。

模块五　孔加工

内容介绍

本模块主要针对孔加工的相关知识进行学习与实践,引导学生学习钻定位中心孔、钻孔、镗孔、攻螺纹和铣孔的加工方法,掌握中心钻、麻花钻、镗刀、丝锥和铣刀的正确使用方法。学生应熟练掌握各种孔加工的固定循环指令和参数设定,以及编程加工方法。

课程思政

古罗马科学家阿基米德被誉为"力学之父"。他一生都在探索和解决物理学和数学问题,对古代科学的贡献非常大。

据说有一次,阿基米德受命于国王,需要设计一种装置来测量国王的皇冠是不是纯金的。皇冠的形状非常复杂,传统的测量方法很难精确地计算出其体积。

阿基米德经过长时间的研究和思考,终于发现了一个简单而有效的测量方法。他利用浮力的原理,将皇冠放入一个装满水的容器中,然后测量排出水的体积。通过这种方式,阿基米德成功地计算出了皇冠的体积,并证明了皇冠并非纯金的。

心得感悟

成功的关键在于不断学习和思考。只有通过不断努力和实践,才能掌握真正的知识和技能,为人类社会作出贡献。

课题一　钻定位中心孔及钻孔

➡ 课题学习目标

1. 掌握用 XK714 立式数控铣床加工各种孔的方法。
2. 灵活运用孔加工固定循环指令进行程序编制。
3. 合理选用加工刀具及确定铣削用量。
4. 掌握孔加工路线的制定方法。

➡ 知识学习

本课题主要完成如图 5-1 所示零件的编程加工,该零件的三维效果图如图 5-2 所示。

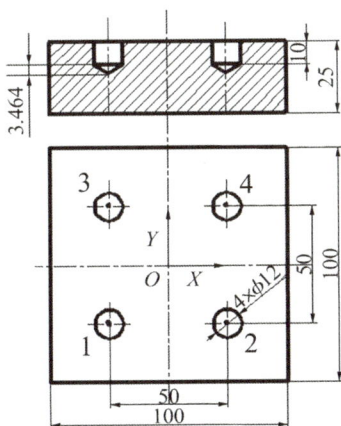

图 5-1　零件图

图 5-2　零件三维效果图

一、坐标值的表示方法

坐标值有两种表示方法:绝对坐标和相对坐标。

绝对坐标:在程序中用 G90 指定,刀具运动过程中所有的位置坐标都是以工件零点为基础计算出来的。

相对坐标:在程序中用 G91 指定,该坐标是刀具当前所在位置相对于前一个位置计算出来的,相当于刀具增加了一个移动距离,所以该坐标又称为增量坐标。

如图 5-3 所示,图中 A、B 两点的坐标分别为:

绝对坐标（G90）：$X_A = 21$，$Y_A = 25$；$X_B = 8$，$Y_B = 11$。

相对坐标（G91）：B 点以 A 点为前一点，则 $X_B = 8-21 = -13$，$Y_B = 11-25 = -14$。

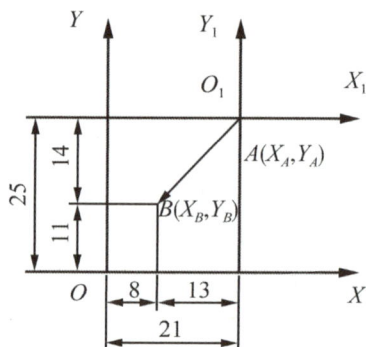

图 5-3　绝对坐标和相对坐标

二、孔加工固定循环

数控加工中，某些加工动作循环已经典型化。例如，钻孔、镗孔的动作是孔位平面定位、快速引进、工作进给、快速退回等一系列典型的加工动作，这样就可以预先编好程序，存储在内存中，并用一个 G 代码程序段调用，称为固定循环。固定循环是数控系统用以简化编程工作的产物。图 5-1 所示的工件为典型孔类工件，本课题要求用固定循环指令进行编程，完成钻定位中心孔及钻孔加工。

（一）固定循环指令

1. 固定循环的功能、动作。

（1）固定循环的功能：主要用于孔加工，包括钻定位中心孔、钻孔、镗孔和攻螺纹等。使用一个程序段完成一个孔加工的全部动作，可以大大简化编程。

（2）固定循环的动作：固定循环通常包括 6 个基本动作，如图 5-4 所示。

动作 1：在某一平面快速定位。

动作 2：刀具沿 Z 方向从初始平面（初始点）快速移动到 R 平面（R 点）。

动作 3：孔切削加工。

动作 4：孔底的动作。

动作 5：返回到 R 平面（R 点）。

动作 6：快速返回到初始平面（初始点）。

初始点是为了安全下刀而规定的一个点；R 平面表示刀具下刀时，自快速进给转为工作进给的高度平面。对于立式数控铣床，孔加工都在 XOY 平面定位，在 Z 轴方向进行加工。

执行固定循环指令前刀具所在的高度位置视为初始点。

2.固定循环指令的格式。

固定循环指令的格式为：

（G90/G91）G98/G99 G_ X_ Y_ Z_ R_ Q_ K_ P_ F_ L_

说明：用绝对坐标指令 G90 或相对坐标指令 G91 时，R 与 Z 所示坐标值的计算基准不同。用 G90 时，R 与 Z 表示的是相应点的编程坐标值（基准为编程坐标原点）；用 G91 时，R 表示的是从初始点到 R 点的 Z 方向距离，Z 表示的是从 R 点到孔底的距离（基准为前一刀位点）。如图 5-5 所示。

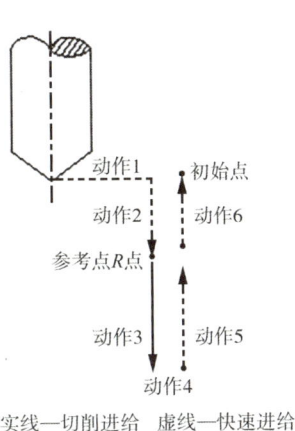

图 5-4 固定循环的动作

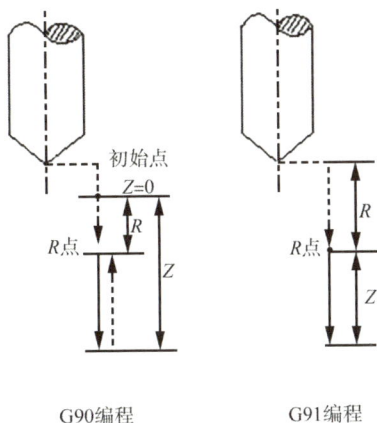

图 5-5 固定循环指令

其他参数说明见表 5-1。

表 5-1 固定循环指令参数说明

指令代码		说明
孔加工方式	G	G 代码
	X、Y	孔中心的坐标
	Z	孔底的坐标
	R	R 点的坐标（Z 方向）
	Q	每次向下进给的深度（增量值，取负）
	K	每次向上的退刀量（增量值，取正）
	P	孔底暂停时间（单位：秒）
	L	固定循环的次数（用于多孔加工）
	F	切削进给速度
G98		返回初始平面
G99		返回 R 平面

G 代码见表 5-2。

表 5-2　常用孔加工固定循环 G 代码

G 代码	加工运动（Z 轴负向）	孔底动作	返回运动（Z 轴正向）	应用
G73	分次,切削进给		快速定位进给	高速深孔钻削
G80				取消固定循环
G81	切削进给		快速定位进给	普通钻削循环
G82	切削进给	暂停	快速定位进给	钻削或粗镗削
G83	分次,切削进给		快速定位进给	深孔钻削循环

注意：G80、G01、G02 和 G03 等代码可以取消固定循环。

（二）G73 指令（高速深孔加工循环）

G73 的应用格式：

G98/G99　G73　X_　Y_　Z_　R_　Q_　K_　P_　F_　L_

如图 5-6 所示,在高速深孔加工循环中,从 R 点到 Z 点的进给是分段完成的,每段切削进给完成后刀具沿 Z 轴向上抬起一段距离,然后再进行下一段的切削进给。刀具沿 Z 轴每次向上抬起的距离 d 由 K 指定,每次进给的深度 q 由 Q 指定。该固定循环主要用于深孔（$L/D > 3$,L 为孔深,D 为孔径）加工,每段切削进给完毕后,刀具沿 Z 轴抬起的动作起到了断屑和排屑的作用。

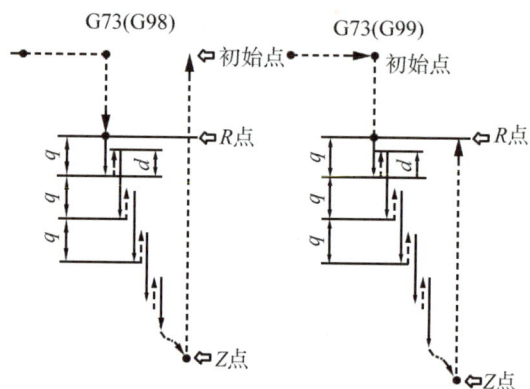

图 5-6　高速深孔加工循环 G73

例题：如图 5-1 所示,编制孔 1 和孔 2 的加工程序（选用 φ12 麻花钻）。

方法一：

G98　G73　X-25　Y-25　Z-13.464　R5　Q-2　K1　P5　F100　L1　（加工孔 1）

　　　　　　X25　　　　　　　　　　　　　　　　　　　　　　　　（加工孔 2）

方法二：

G00　X-75　Y-25　　　　　　　　　　　　　　　　（定位至循环起点）

G98　G73　G91　X50　Y0　G90　Z-13.464　R5　Q-2　K1　P5　F100　L2
　　　　　　　　　　　　　　　　　　　　　　　　　　（加工孔 1、2）

（三）G81 指令（钻中心孔循环）

G81 的应用格式：

G98/G99　G81　X_　Y_　Z_　R_　F_　L_

G81 是最简单的固定循环，它的执行过程为：X、Y 定位，刀具沿 Z 轴快速进给到 R 点，以 F 指定的速度进给到 Z 点，快速返回初始点（G98）或 R 点（G99），没有孔底动作。如图 5-7 所示。

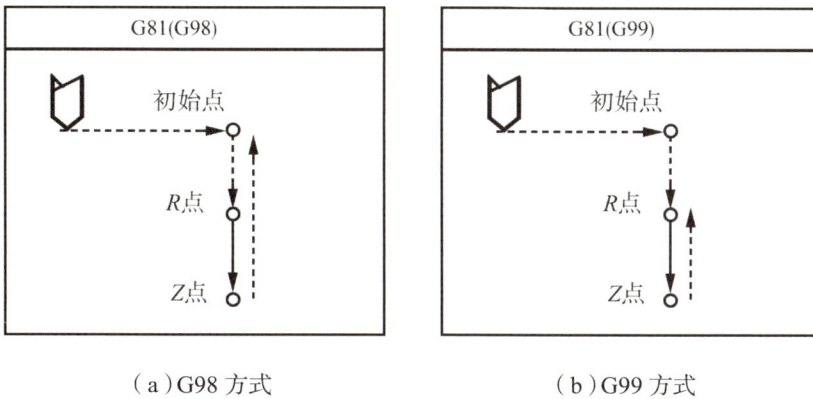

（a）G98 方式　　　　　　　　（b）G99 方式

图 5-7　G81 钻中心孔循环

例题：如图 5-1 所示，编制孔 1 和孔 2 的中心孔加工程序（选用 A3 中心钻）。

方法一：

G98　G81　X-25　Y-25　Z-3　R5　F100　　　　（加工孔 1 的中心孔）

　　　　　X25　　　　　　　　　　　　　　　　　（加工孔 2 的中心孔）

方法二：

G00　X-75　Y-25　　　　　　　　　　　　　　　（定位至循环起点）

G98　G81　G91　X50　Y0　G90　Z-3　R5　F100　L2　（加工孔 1、2 的中心孔）

（四）G82 指令（带停顿的钻孔循环）

G82 的应用格式：

G98/G99　G82　X_　Y_　Z_　R_　P_　F_　L_

如图 5-8 所示, G82 固定循环在孔底有一个暂停的动作, 除此之外和 G81 完全相同。孔底的暂停可以提高孔底的加工精度。

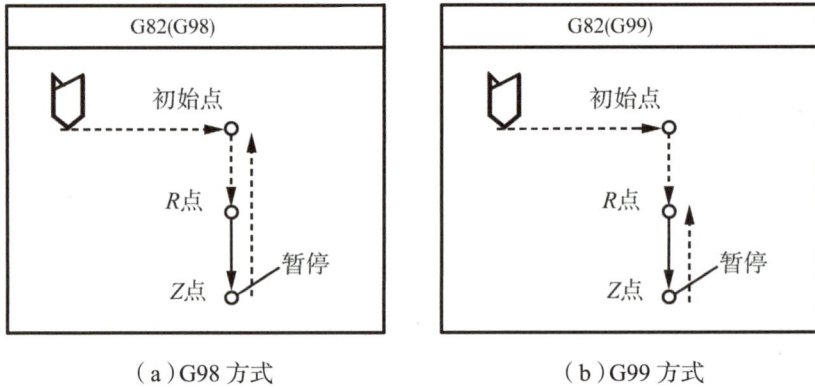

（a）G98 方式　　　　　（b）G99 方式

图 5-8　G82 钻孔循环

（五）G83 指令（深孔加工循环）

G83 指令的应用格式：

G98/G99　G83　X_ Y_ Z_ R_ Q_ P_ K_ F_ L_

和 G73 指令相同的是, G83 指令下从 R 点到 Z 点的进给也分段完成；和 G73 指令不同的是, 每段进给完成后, 刀具沿 Z 轴返回 R 点, 然后快速进给到下一段进给起点上方距离 d 的位置, 再开始下一段进给运动。

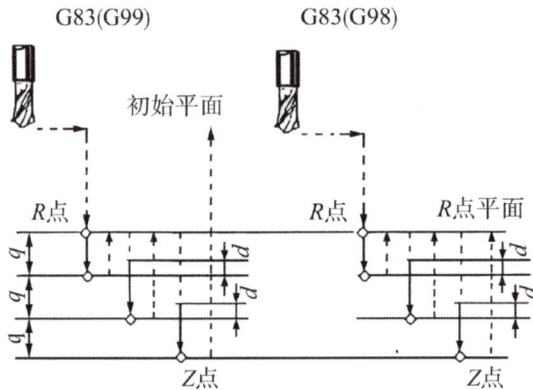

图 5-9　G83 深孔加工循环

（六）G80 指令（取消固定循环）

G80 指令被执行以后, 固定循环指令被取消, R 点和 Z 点的参数以及除 F 外的所有孔加工参数均被取消。另外, 01 组的 G 代码也会起到同样的作用。

（七）使用孔加工固定循环的注意事项

1.编程时需注意在使用固定循环指令之前,必须先使用 S 和 M 代码指令使主轴旋转。

2.在固定循环模态下,包含 X、Y、Z、R 的程序段将执行固定循环。如果一个程序段不包含上列的任何一个参数,则在该程序段中将不执行固定循环(G04 中的地址 P 除外)。另外,G04 中的地址 P 不会改变孔加工参数中的 P 值。

3.孔加工参数 Q、P 必须在固定循环被执行的程序段中被指定,否则指令的 Q、P 值无效。

4.因为 01 组的 G 代码也起到取消固定循环的作用,所以请不要将固定循环指令和 01 组的 G 代码写在同一程序段中。

三、加工工艺分析

（一）刀具选择

本课题所加工孔的直径为 12 mm,首先选用 A3 中心钻钻定位中心孔,然后选用 ϕ12 直柄麻花钻钻孔。

（二）加工工艺方案

1.加工工艺路线。

进行孔加工前应注意工件是否平整,先钻定位中心孔,再钻孔,具体加工工艺路线如图 5-10 所示。

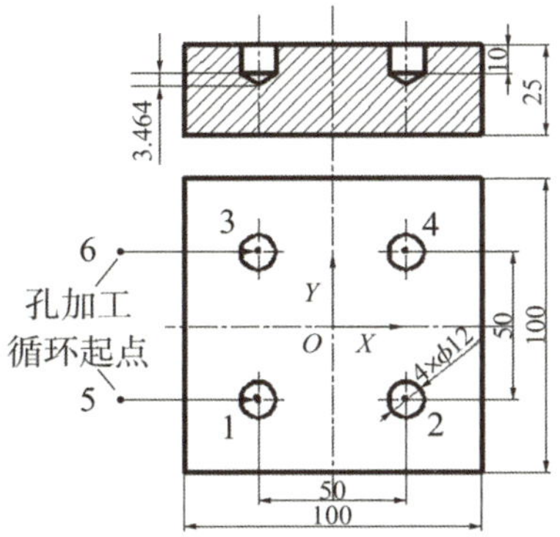

图 5-10　孔加工工艺路线

（1）用 A3 中心钻钻定位中心孔。

利用 G81 指令: 加工孔 1 和孔 2 →加工孔 3 和孔 4。

（2）用 ϕ12 直柄麻花钻钻孔。

利用 G82 指令：加工孔 1 和孔 2 →加工孔 3 和孔 4。

2. 钻削用量的选择。

已知工件材料为石蜡（相关参数按中碳钢选取），结合表 4-2 和表 4-3 选取参数，计算可得钻削用量：

主轴转速：1000 r/min。

进给速度：100 mm/min。

（三）程序编制

1. 工件坐标系的建立。

根据工件坐标系的建立原则，选择图 5-1 所示工件上表面的中心为工件零点。

2. 基点坐标的计算。

由图 5-1 和图 5-10 可知，孔的深度一致为 13.464 mm，因此基点 1 ～ 4 的 Z 值都为 −13.464，X、Y 值见表 5-3。

表 5-3　基点坐标

基点	坐标（X, Y）	基点	坐标（X, Y）
1	（−25, −25）	4	（25, 25）
2	（25, −25）	5	（−75, −25）
3	（−25, 25）	6	（−75, 25）

3. 加工参考程序。

文件名为 OKONG，程序名为 %0401，加工参考程序见表 5-4。

表 5-4　加工参考程序

程序段号	程序内容	动作说明
N01	G54	建立工件坐标系
N02	M03　S1000	启动主轴正转，转速为 1000 r/min
N03	G00　X−75　Y−25　Z50	刀具快速定位至孔 1、2 循环起点 5 的上方
N04	G99　G81　G91　X50　Y0 G90　Z−3　R10　F100　L2	循环加工孔 1、2 的定位中心孔
N05	G00　X−75　Y25	刀具快速定位至孔 3、4 循环起点 6 的上方
N06	G98　G81　G91　X50　Y0 G90　Z−3　R10　F100　L2	循环加工孔 3、4 的定位中心孔

程序段号	程序内容	动作说明
N07	M05　M00	主轴停止,程序暂停,手动换刀(按循环启动键)
N08	M03　S1000	启动主轴正转,转速为 1000 r/min
N09	G00　X−75　Y−25　Z50	刀具快速定位至孔 1、2 循环起点 5 的上方
N10	G99　G82　G91　X50　Y0 G90　Z−3　R10　P5　F100　L2	钻孔,循环加工孔 1、2
N11	G00　X−75　Y25	刀具快速定位至孔 3、4 循环起点 6 的上方
N12	G98　G82　G91　X50　Y0 G90　Z−3　R10　P5　F100　L2	钻孔,循环加工孔 3、4
N13	M05	主轴停止
N14	M30	程序结束并返回开头

➡ 课题技能实训

🎓 实训　钻中心孔、钻孔固定循环加工技能训练

⚙ 实训任务与目标

　　根据课程讲解的钻中心孔、钻孔知识,利用 XK714 数控铣床完成实际加工操作。在该实训中,主要完成开机、回参考点、工件和刀具装夹、G54 中心对刀法、程序输入与校验模拟等操作,应掌握工件的浅孔、深孔加工循环指令的用法并进行实际加工。

⚙ 实训实施

　　1. 加工准备。

　　(1)开机、回参考点操作。

　　(2)工件装夹:把工件装夹在平口钳上,工件下面垫上平垫铁,使工件伸出钳口 5～10 mm,夹紧工件。

　　(3)刀具装夹:选用 A3 中心钻和 ϕ12 直柄麻花钻,按照正确装夹方法,先把弹簧夹头装入锁紧螺母中,再装入所需刀具,最后将刀柄装入主轴并上紧。

　　2. 对刀。

　　应用 G54 指令,采用中心试切法对刀。

3. 零件加工。

（1）程序输入与校验模拟：先完成程序输入，然后应用相应功能进行程序校验。观察显示屏显示的模拟图形是否与要求的图形一致，若不一致，找出问题所在并更正，直至无误。

（2）零件自动加工：选择"自动"工作方式，并按循环启动键，执行工件加工程序的自动加工。

4. 操作注意事项。

（1）装夹工件时，要考虑垫铁与加工部位是否干涉。

（2）刀具、工件应按要求夹紧。本课题选用的工件材料为石蜡，切记轻轻夹紧即可，不要用力过大，以免石蜡工件碎裂。

（3）对刀操作应正确熟练，时刻注意手动移动方向，及时调整进给倍率大小，避免因移动方向错误和进给倍率过大而发生撞刀或对刀错误。

（4）钻孔加工前，一定要先钻中心孔，保证麻花钻起钻时不会偏心。

（5）固定循环运行中，若利用复位或急停按钮使数控装置停止，在重新开始加工时要特别注意，使固定循环剩余动作进行到结束，因为此时孔加工方式和孔加工数据还被保存着。

（6）当程序执行到 M00 暂停时，不允许手动移动机床，要在停止位置手动换刀，继续执行程序。

⚙ 实训评价

实训结束后，填写课题实训测评表（见表 4-6）。

➡ 课题练习

一、理论部分

1. 坐标值有哪些表示方法？分别是如何表示的？请说明对应的指令。

2. 简述孔加工固定循环包含哪些基本动作。

二、实训部分

编程加工如图 5-11 所示的零件。

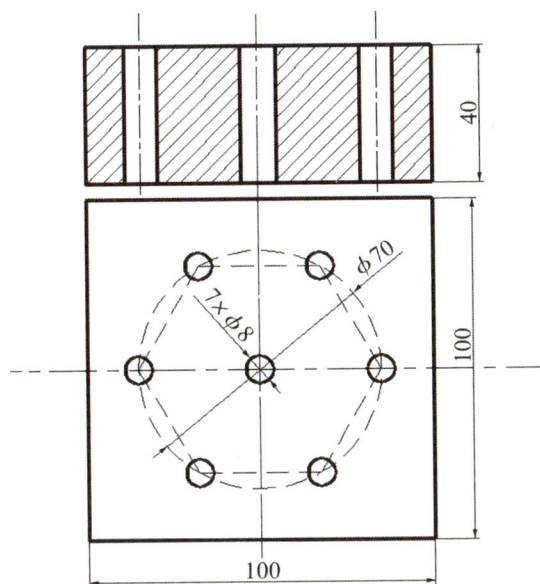

图 5-11 零件图

课题二 铣孔

▶ 课题学习目标

1. 掌握铣孔的加工工艺和编程方法。

2. 掌握螺旋线插补指令 G02、G03 的应用方法。

3. 掌握 G17、G18、G19 指令的应用方法。

4. 会计算基点坐标。

▶ 知识学习

应用铣孔的方法，完成如图 5-12 和图 5-13 所示零件的编程加工。

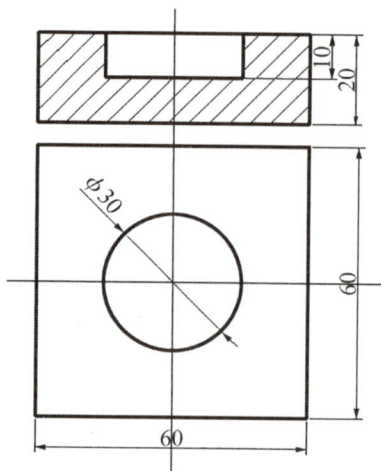

图 5-12 零件图

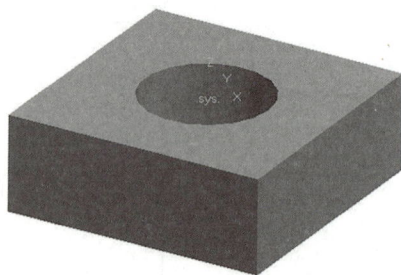

图 5-13 零件三维效果图

铣孔的方法一般有两种:钻底孔后铣孔和螺旋线插补铣孔。

一、钻底孔后铣孔

(一)基本方法

如图 5-14 所示,钻底孔后铣孔的方法是:首先在加工孔的中心位置用麻花钻钻一个底孔(底孔直径<加工孔直径);然后用铣刀从孔中心下刀,沿加工孔的轮廓完成孔的加工(铣刀直径<底孔直径)。

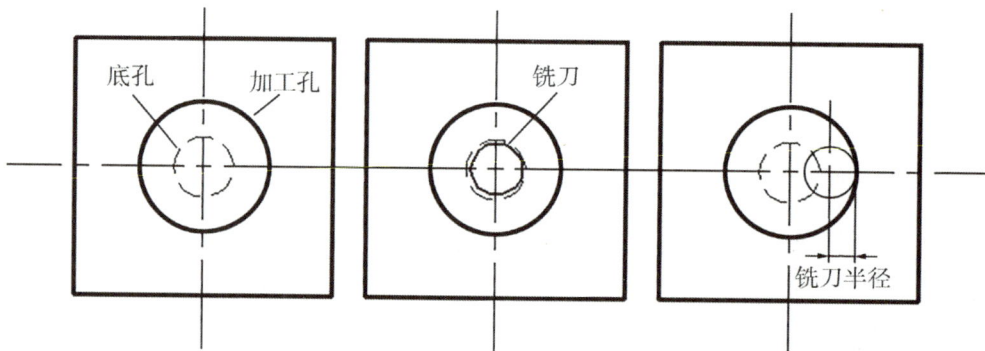

图 5-14 钻底孔后铣孔

(二)加工工艺分析

例题:应用钻底孔后铣孔的方法,完成图 5-12 和图 5-13 所示零件的编程加工。

1. 刀具选择。

选用 A3 中心钻钻定位中心孔,选用 φ14 直柄麻花钻钻底孔,选用 φ12 键槽铣刀(或立铣刀)铣孔。

2. 铣削用量的选择。

铣削用量可参考表 5-5。

表 5-5　铣削用量的选择

刀具规格	加工内容	主轴转速 / (r·min^{-1})	进给速度 / (mm·min^{-1})
A3 中心钻	钻定位中心孔	1000	100
φ14 直柄麻花钻	钻底孔	1000	100
φ12 键槽铣刀 (或立铣刀)	铣孔	800	150

(三)程序编制

1. 工件坐标系的建立。

根据工件坐标系的建立原则,选择图 5-12 所示零件上表面的中心为工件零点。

2. 基点坐标的计算。

由图 5-12 可知,所加工图形的深度为 10 mm,基点的位置如图 5-15 所示,Z值都为 -10,X、Y值见表 5-6。

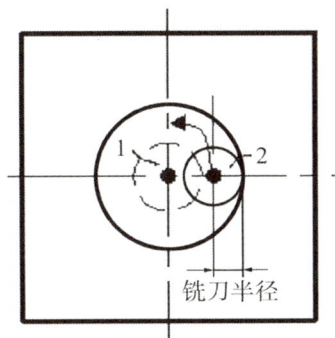

图 5-15　基点的位置

表 5-6 基点坐标

基点	坐标(X, Y)
1	（0,0）
2	（9,0）

3. 加工参考程序。

文件名为 OXIKONG1,程序名为 %0402,加工参考程序见表 5-7。

表 5-7 加工参考程序

程序段号	程序内容	动作说明
N01	G54	建立工件坐标系
N02	M03　S1000	启动主轴正转,转速为 1000 r/min
N03	G00　Z50	定位初始平面高度
N04	G98　G81　X0　Y0　Z-3　R10　F100	钻定位中心孔
N05	M05　M00	主轴停止,程序暂停,手动换刀（按循环启动键）
N06	M03　S1000	启动主轴正转,转速为 1000 r/min
N07	G98　G82　X0　Y0　G90　Z-10　R10　P5　F100	钻底孔,循环加工
N08	M05　M00	主轴停止,程序暂停,手动换刀（按循环启动键）
N09	M03　S800	启动主轴正转,转速为 800 r/min
N10	G00　X0　Y0	刀具快速定位到基点 1 的上方
N11	Z2	刀具快速进给到基点 1 上方 2 mm 处
N12	G01　Z-10　F100	刀具进给到要求的深度 10 mm 处
N13	X9　F150	刀具直线进给到基点 2
N14	G03　I-9	圆弧插补铣孔
N15	G00　X0	退刀至孔中心
N16	Z50	抬刀至安全高度
N17	M05	主轴停止
N18	M30	程序结束并返回开头

二、螺旋线插补铣孔

(一)螺旋线插补指令

螺旋线插补指令与圆弧插补指令一样,也是用 G02、G03。

螺旋线基本形状如图 5-16 所示,O 为螺旋线中心,1 为螺旋线起点,2 为螺旋线终点。完整的螺旋线在特征投影视图上反映为一个整圆。

图 5-16　螺旋线基本形状

圆弧为平面形状,因此圆弧插补的运动方向有 2 个;而螺旋线为空间形状,因此螺旋线插补的运动方向有 3 个。

(二)螺旋线插补指令的格式

螺旋线插补指令的格式如下所示:

$$\begin{Bmatrix} G02 \\ G03 \end{Bmatrix} X_- \ Y_- \begin{Bmatrix} I_- \ J_- \\ R_- \end{Bmatrix} Z_- \ L_- \ F_-$$

螺旋线插补指令中各参数的含义与圆弧插补指令的大体相同。其中:Z 为螺旋线在 Z 轴上的坐标,L 为螺旋线的圈数(Z 轴上的坐标值为增量值时有效)。

如图 5-17 所示,从点 1 到点 6,螺旋线由五段完全一致的整圈组成,分别为 12、23、34、45、56,它们首尾相连。

图 5-17　螺旋线圈数

(三)实践应用

例题:应用螺旋线插补铣孔的方法,完成如图 5-12 和图 5-13 所示零件的编程加工。

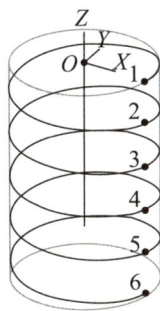

1. 刀具选择。

选用 φ16 立铣刀铣孔。

2. 铣削用量的选择。

主轴转速：800 r/min。

进给速度：100 mm/min。

3. 程序编制。

（1）工件坐标系的建立。

根据工件坐标系的建立原则，选择图 5-12 所示工件上表面的中心为工件零点。

（2）基点坐标计算。

由图 5-12 可知，所加工图形的深度为 10 mm，基点位置如图 5-15 所示，但因为所用刀具半径不同，所以基点坐标值不同，见表 5-8。

表 5-8　基点坐标

基点	坐标(X, Y)	基点	坐标(X, Y)
1	（0,0）	2	（7,0）

（3）加工参考程序。

文件名为 OLUOXUAN，程序名为 %0403，加工参考程序见表 5-9。

表 5-9　加工参考程序

程序段号	程序内容	动作说明
N01	G54	建立工件坐标系
N02	M03　S800	启动主轴正转，转速为 800 r/min
N03	G00　X7　Y0	刀具快速定位至 2 点上方
N04	Z5	快速下刀至工件上表面 5 mm 处
N05	G01　Z0　F100	直线下刀至工件上表面
N06	G03　I-7　Z-1　L10　F100	螺旋线插补加工至孔底
N07	G03　I-7	圆弧进给一圈
N08	G01　X0　Y0	直线进给至底面圆心处
N09	G00　Z50	快速抬刀至工件上表面 50 mm 处
N10	M05	主轴停止
N11	M30	程序结束并返回开头

➡️ 课题技能实训

🎓 实训 铣孔加工技能训练

⚙️ 实训任务与目标

根据课程讲解的铣孔方法,利用 XK714 数控铣床完成实际加工操作。在该实训中,主要完成开机、回参考点、工件和刀具装夹、G54 中心对刀法、程序输入与校验模拟、工件实际加工等操作。

⚙️ 实训实施

1. 加工准备。

(1)开机、回参考点操作。

(2)工件装夹:把工件装夹在平口钳上,工件下面垫上平垫铁,使工件伸出钳口 5 ～ 10 mm,夹紧工件。

(3)刀具装夹:选用 ϕ16 立铣刀,按照正确装夹方法,先把弹簧夹头装入锁紧螺母中,再装入键槽铣刀,最后将刀柄装入主轴并上紧。

2. 对刀。

应用 G54 指令,采用中心试切法对刀。

3. 零件加工。

(1)程序输入与校验模拟:先完成程序输入,然后应用相应功能进行程序校验。观察显示屏显示的模拟图形是否与要求的图形一致,若不一致,找出问题所在并更正,直至无误。

(2)零件自动加工:选择"自动"工作方式,并按循环启动键,执行工件加工程序的自动加工。

4. 操作注意事项。

(1)钻底孔及钻中心孔时,要保证对刀的一致性。

(2)刀具、工件应按要求夹紧。若选用的工件材料为石蜡,切记轻轻夹紧即可,不要用力过大,以免石蜡工件碎裂。

(3)对刀操作应正确熟练,时刻注意手动移动方向,及时调整进给倍率大小,避免因移动方向错误和进给倍率过大而发生撞刀或对刀错误。

(4)采用刀位点编程,需计算铣刀刀位点移动轨迹坐标。

(5)加工时应关好防护门,进行程序模拟时应将机床锁住。

实训评价

实训结束后,填写课题实训测评表(见表 4-6)。

课题练习

一、理论部分

1.简述铣孔有哪几种不同的方法。

2.螺旋线插补与圆弧插补的不同之处有哪些?

二、实训部分

应用铣削方法,编程加工如图 5-18 所示的零件。

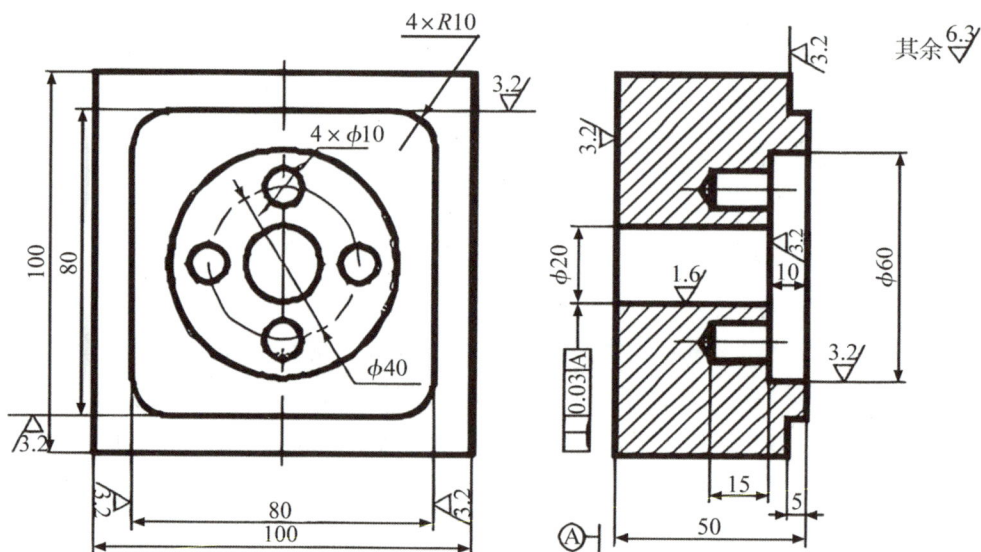

图 5-18 零件图

模块六　轮廓加工

内容介绍

本模块主要引导学生学习轮廓加工的相关知识及技能,内容主要包括平面铣削加工、平面外轮廓铣削加工及平面内轮廓铣削加工。

课程思政

鲁班是中国古代的著名木匠,被誉为"木匠之祖"。据说有一次,他被皇帝要求制作一把能自动开关的神奇宝剑。经过深思熟虑和反复试验,鲁班从一位老人制作竹笛的过程中获得灵感,将竹子的加工原理应用到宝剑制作中,实现了宝剑的自动弹出。皇帝对鲁班的技艺大加赞赏,这把宝剑也成为珍贵的宝物。

心得感悟

通过实践与创新,可以改进物品加工方法,以更好地实现物品的使用价值和艺术价值。

课题一　平面铣削加工

➡ 课题学习目标

1. 掌握平面铣削加工的方法。
2. 能灵活运用主、子程序等编程方法,提高编程效率。
3. 合理选用加工刀具及确定铣削用量。

4.掌握平面铣削的编程方法。

📍 知识学习

本课题主要完成如图 6-1 所示零件的编程加工,零件的三维效果图如图 6-2 所示。

图 6-1　零件图　　　　　　图 6-2　零件三维效果图

一、平面铣削的方法

平面铣削一般有两种方法:双向铣削和单向铣削。

(一)双向铣削

双向铣削方法如图 6-3 所示。

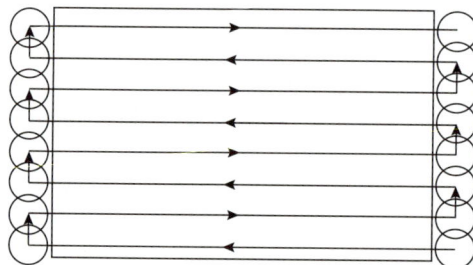

图 6-3　双向铣削

双向铣削中,相邻两次铣削加工的进给方向相反;当进给到每次加工的终点时,刀具不用抬起,可直接向前进刀至下次铣削加工的起点。

(二)单向铣削

单向铣削方法如图 6-4 所示。

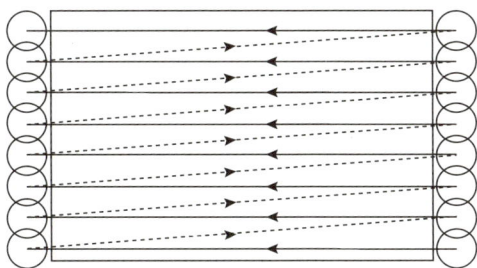

图 6-4　单向铣削

单向铣削中,每次铣削加工的进给方向一致;当进给到每次加工的终点时,刀具需要抬起,然后定位至下次铣削加工的起点。

因为双向铣削的进给路线较短,所以本课题主要以双向铣削进行讲解。

二、一般编程的加工工艺分析

(一)刀具选择

本课题选择直径为 16 mm 的立铣刀。

(二)加工工艺方案

1. 加工工艺路线。

双向铣削的加工工艺路线如图 6-5 所示。

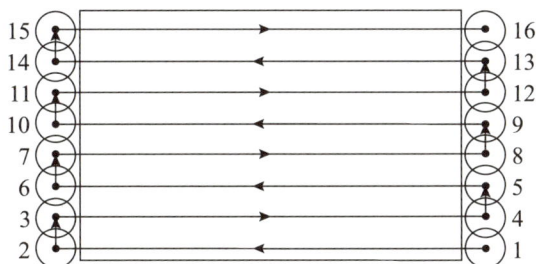

图 6-5　加工工艺路线

刀具从工件的右下角 1 点快速下刀至要求的加工深度(由于刀具是在工件的外面下刀,因此可以采用快速下刀)→从右到左直线进给至 2 点→向前快速定位(进刀)至 3 点→从左至右直线进给至 4 点→向前快速定位(进刀)至 5 点→从右到左直线进给至 6 点→向前快速定位(进刀)至 7 点→从左至右直线进给至 8 点→向前快速定位(进刀)至 9 点→从右到左直线进给至 10 点→向前快速定位(进刀)至 11 点→从左至右直线进给至 12 点→向前快速定位（进刀）至 13 点→从右到左直线进给至 14 点→向前快速定位（进刀）至 15 点→从左至右直线进给至 16 点→抬刀，完成平面加工。

2. 铣削用量的选择。

已知工件材料为石蜡（相关参数按中碳钢选取），结合表 4-2 和表 4-3 选取参数，计算可得铣削用量：

主轴转速：800 r/min。

进给速度：100 mm/min。

铣削宽度：$a_e = 12.5$ mm。a_e 的计算：$a_e \leqslant 0.8\phi = 0.8 \times 16$ mm $= 12.8$ mm。由于铣削加工过程中进刀方向是沿宽度方向，铣削量为 100 mm，因此进刀次数为 $100 \div 12.8 \approx 7.8$，取整得 8 刀，调整后得 $a_e = 100 \div 8$ mm $= 12.5$ mm。

铣削深度：$a_p = 2$ mm。在工件上表面铣去 2 mm。

（三）程序编制

1. 工件坐标系的建立。

根据工件坐标系的建立原则，选择图 6-1 所示工件上表面的中心为工件零点。

2. 基点坐标的计算。

工件上表面铣去 2 mm，因此点 1～16 的 Z 值都为 −2。根据图 6-6 所示，X、Y 值的计算结果见表 6-1。

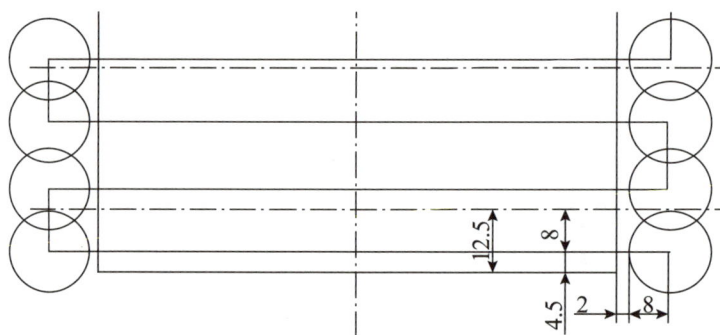

图 6-6　刀位点坐标的计算

图 6-6 中：刀具的起点与终点与工件的安全距离为 2 mm，刀位点与工件的距离则为 $(2 + 8)$ mm $= 10$ mm；铣削宽度 $a_e = 12.5$ mm，刀具半径 $r = 8$ mm，则刀位点距离工件后端面 4.5 mm。

表 6-1　基点坐标

基点	坐标(X, Y)	基点	坐标(X, Y)	基点	坐标(X, Y)
1	（85，−45.5）	7	（−85，−8）	13	（85，29.5）
2	（−85，−45.5）	8	（85，−8）	14	（−85，29.5）
3	（−85，−33）	9	（85，4.5）	15	（−85，42）
4	（85，−33）	10	（−85，4.5）	16	（85，42）
5	（85，−20.5）	11	（−85，17）		
6	（−85，−20.5）	12	（85，17）		

3. 加工参考程序。

文件名为 OPMIAN，程序名为 %0501，加工参考程序见表 6-2。

表 6-2　加工参考程序

程序段号	程序内容	动作说明
N01	G54	建立工件坐标系
N02	M03　S800	启动主轴正转，转速为 800 r/min
N03	G00　X85　Y−45.5	刀具快速定位至 1 点上方
N04	Z−2	刀具快速下刀至要求的加工深度
N05	G01　X−85　F150	从右到左直线进给至 2 点
N06	G00　Y−33	向前快速定位至 3 点
N07	G01　X85	从左到右直线进给至 4 点
N08	G00　Y−20.5	向前快速定位至 5 点
N09	G01　X−85	从右到左直线进给至 6 点
N10	G00　Y−8	向前快速定位至 7 点
N11	G01　X85	从左到右直线进给至 8 点
N12	G00　Y4.5	向前快速定位至 9 点
N13	G01　X−85	从右到左直线进给至 10 点
N14	G00　Y17	向前快速定位至 11 点
N15	G01　X85	从左到右直线进给至 12 点
N16	G00　Y29.5	向前快速定位至 13 点

续表

程序段号	程序内容	动作说明
N17	G01　X−85	从右到左直线进给至 14 点
N18	G00　Y42	向前快速定位至 15 点
N19	G01　X85	从左到右直线进给至 16 点
N20	G00　Z50	抬刀
N21	M05	主轴停止
N22	M30	程序结束并返回开头

三、调用子程序编程

（一）子程序的含义

编程时，当一个工件上有相同的加工内容时（轮廓形状反复出现，具有相同轨迹的走刀路线），常使用调用子程序的方法进行编程，这时只编写一个加工内容的子程序，然后用一个主程序来调用该子程序，使编程简化。

（二）调用子程序的指令及格式

1. 指令。

M98 指令为调用子程序的指令，M99 指令为子程序结束的指令。

2. 格式。

（1）调用子程序的格式：

M98　P_　L_

说明：P_ 是指调用子程序的程序名（为 1 ～ 7 位数字），L_ 是指调用子程序的次数。

（2）子程序结束格式：

M99

该指令单独使用，书写在子程序的最后一个程序段。

（三）主程序与子程序的调用关系

调用关系如图 6-7 所示。

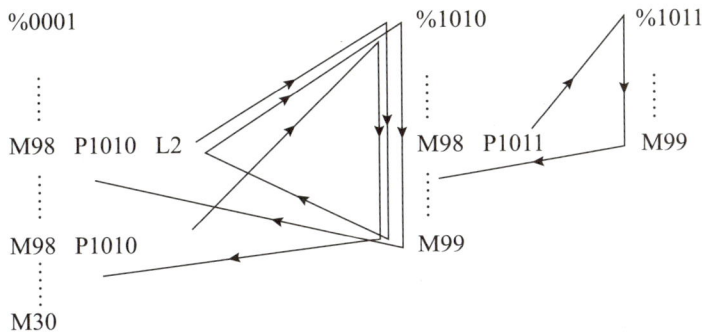

图 6-7 主程序与子程序的调用关系

主程序调用子程序,被调用的子程序也可以调用另一个子程序。程序执行到调用子程序段时,优先执行子程序,直到子程序全部执行完毕,才返回到原程序段继续执行其后的程序段。

（四）调用子程序的注意事项

1. 主程序和子程序写在同一个文件名中,主程序写在前,子程序写在后。

2. 找出重复程序段的规律,确定子程序。将变化的部分写在主程序中,不变（相同）的部分写在子程序中。

四、应用子程序铣平面

（一）子程序的确定

分析图 6-5 所示的加工工艺路线,可以找出相同的加工路线,如图 6-8 所示。该路线中完成了 2 次铣削,而总路线中共有 8 次铣削,因此需要调用子程序 4 次。

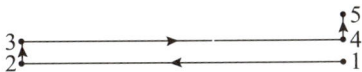

图 6-8 子程序加工路线

（二）参考程序编制

分析加工路线时,需要注意平行的左侧基点和右侧基点的 X 坐标相同,而由于 Y 方向控制进刀,所以 Y 坐标发生改变,因此进刀位置的 Y 坐标应用增量坐标表示。

加工参考程序的文件名为 OPMZCX,加工参考程序见表 6-3。

表 6-3　加工参考程序

程序段号	程序内容	动作说明
N01	%0510	主程序名
N02	G54	建立工件坐标系
N03	M03　S800	启动主轴正转,转速为 800 r/min
N04	G00　X85　Y-45.5	刀具快速定位至 1 点上方
N05	Z-2	刀具快速下刀至要求的加工深度
N06	M98　P0511　L4	调用子程序"%0511"4 次
N07	G00　Z50	刀具抬至安全高度
N08	M05	主轴停止
N09	M30	主程序结束
N10	%0511	子程序名
N11	G90　G01　X-85　F150	绝对坐标,从右至左直线进给
N12	G91　G00　Y12.5	增量坐标,向前快速定位
N13	G90　G01　X85	绝对坐标,从左至右直线进给
N14	G91　G00　Y12.5	增量坐标,向前快速定位
N15	M99	子程序结束

课题技能实训

实训　铣削平面加工技能训练

实训任务与目标

根据课程讲解的铣削平面的知识,利用 XK714 数控铣床完成实际加工操作。在该实训中,主要完成开机、回参考点、工件和刀具装夹、G54 中心对刀法、程序输入与校验模拟等操作,应掌握铣削平面的一般编程方法与调用子程序编程的方法,并进行实际加工。

实训实施

1. 加工准备。

（1）开机、回参考点操作。

（2）工件装夹:把工件装夹在平口钳上,工件下面垫上平垫铁,使工件伸出钳口 5 ～ 10 mm,

夹紧工件。

（3）刀具装夹：选用 $\phi16$ 立铣刀,按照正确装夹方法,先把弹簧夹头装入锁紧螺母中,再装入所需刀具,最后将刀柄装入主轴并上紧。

2. 对刀。

应用 G54 指令,采用中心试切法对刀。

3. 零件加工。

（1）程序输入与校验模拟：先完成程序输入,然后应用相应功能进行程序校验。观察显示屏显示的模拟图形是否与要求的图形一致,若不一致,找出问题所在并更正,直至无误。

（2）零件自动加工：选择"自动"工作方式,并按循环启动键,执行零件加工程序的自动加工。

4. 操作注意事项。

（1）工件装夹时,要考虑垫铁与加工部位是否干涉。

（2）刀具、工件应按要求夹紧。若选用的工件材料为石蜡,切记轻轻夹紧即可,不要用力过大,以免石蜡工件碎裂。

（3）对刀操作应正确熟练,时刻注意手动移动方向,及时调整进给倍率大小,避免因移动方向错误或进给倍率过大而发生撞刀或对刀错误。

（4）为了避免出现接刀痕迹,相邻两刀之间要有一定量的重叠。

（5）进刀时刀具在工件外侧,可采用 G00 快速进刀定位；若刀具在工件内部,应用 G01。

⚙ 实训评价

实训结束后,填写课题实训测评表(见表 4-6)。

➡ 课题练习

一、理论部分

1. 铣平面的一般方法有哪几种？请归纳说明各方法的优缺点。
2. 简述子程序编程应用的加工场合。

二、实训部分

分别应用一般编程方法和调用子程序编程的方法,铣削加工 200 mm × 150 mm × 40 mm 工件(长方体)上表面。要求：

（1）铣削深度 5 mm。

（2）刀具自选,并写出铣削用量。

（3）画出铣削加工路线图。

课题二　平面外轮廓铣削加工

📌 课题学习目标

1.掌握平面外轮廓铣削加工工艺的制定方法。
2.掌握平面外轮廓的切入、切出方式。
3.掌握刀具半径补偿指令及其使用方法。
4 掌握平面外轮廓多余材料的去除方法。

📌 知识学习

完成如图 6-9 和图 6-10 所示零件外轮廓(凸台)的编程加工。

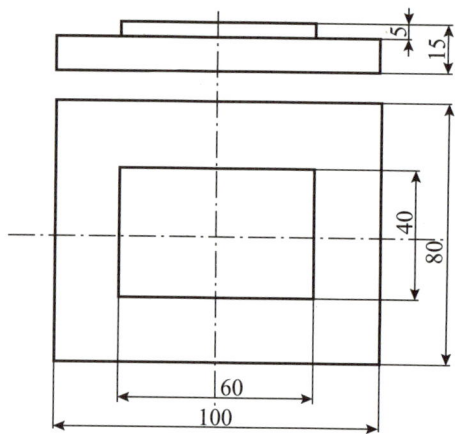

图 6-9　零件图

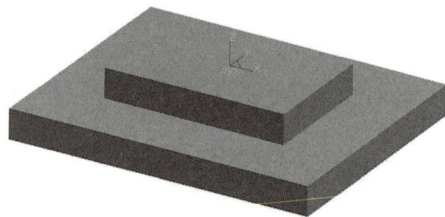

图 6-10　零件三维效果图

一、外轮廓的铣削加工路线

当用立铣刀的侧刃铣削平面工件的外轮廓时,切入、切出部位应考虑外延,如图 6-11 所示,以保证工件轮廓的光滑过渡。在外轮廓铣削加工中,应避免进给停顿,以免在刀具进给停顿处的轮廓表面上留下切痕。

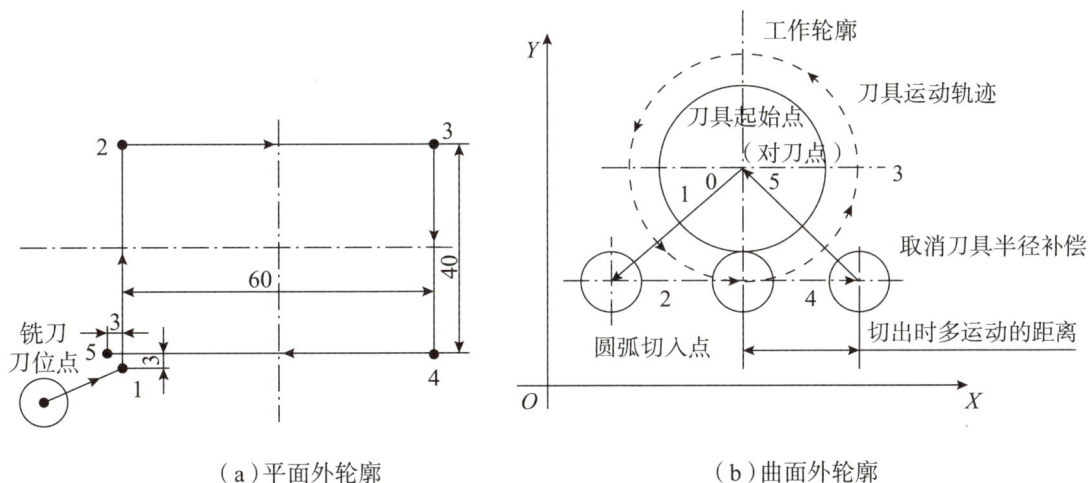

（a）平面外轮廓　　　　　　（b）曲面外轮廓

图 6-11　外轮廓的铣削加工路线

二、刀具半径补偿功能

（一）刀具半径补偿功能的内容

在数控铣床上进行轮廓的铣削加工时,由于定义刀位点为铣刀的中心,加上刀具半径的存在,因此刀具中心(刀心)轨迹与工件轮廓不重合,如图 6-12 所示。如果数控系统不具备刀具半径自动补偿功能,则只能按刀心轨迹行程,即在编程时给出刀心轨迹,其计算相当复杂。当刀具磨损,需要重磨或换新刀而使刀具直径变化时,必须重新计算其刀心轨迹,修改程序,这样既烦琐,又不能保证加工精度。而如果数控系统具备刀具半径补偿功能,只需对工件轮廓进行数控编程,数控系统会自动计算刀心轨迹,使刀具偏离工件轮廓一个半径值,即进行刀具半径补偿。

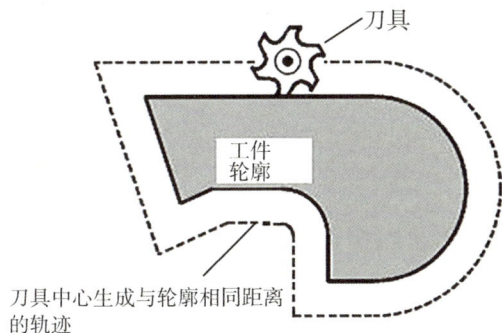

图 6-12　刀具中心轨迹与加工轮廓的关系

（二）刀具半径补偿指令

刀具半径补偿指令有三个，分别是：

G41：刀具半径左补偿（左刀补）。

G42：刀具半径右补偿（右刀补）。

G40：取消刀补。

（三）刀具半径补偿指令的格式

1. 建立刀补，指令格式如下所示：

$$\begin{Bmatrix} G17 \\ G18 \\ G19 \end{Bmatrix} \begin{Bmatrix} G41 \\ G42 \end{Bmatrix} \begin{Bmatrix} G00 \\ G01 \end{Bmatrix} \begin{Bmatrix} X- & Y- \\ X- & Z- \\ Y- & Z- \end{Bmatrix} D- \ F-$$

2. 取消刀补，指令格式如下所示：

$$G40 \begin{Bmatrix} G00 \\ G01 \end{Bmatrix} \begin{Bmatrix} X- & Y- \\ X- & Z- \\ Y- & Z- \end{Bmatrix} F-$$

3. 说明：

（1）G17、G18、G19 指令用于选择刀补平面。

（2）G00、G01 指令表示建立或取消刀补时的运动方式。

（3）X、Y、Z 表示刀补建立或取消的终点坐标。

（4）D 有两层含义：①刀补表中的刀补号码（D00 ～ D99），代表刀补表中对应的半径补偿值；② #100 ～ #199 全局变量定义的半径补偿量。

（5）G40、G41、G42 都是模态代码，可相互注销。

（四）刀具半径补偿的过程

刀补过程如图 6-13 所示。

1. 刀补的建立。

刀补的建立就是在刀具从起点接近工件时，刀具中心从与编程轨迹重合过渡到与编程轨迹偏离一个补偿值（偏置量）的过程。刀具补偿程序段必须包含 G00 或 G01 指令才有效。

补偿值（偏置量）预先用手动方式输入到

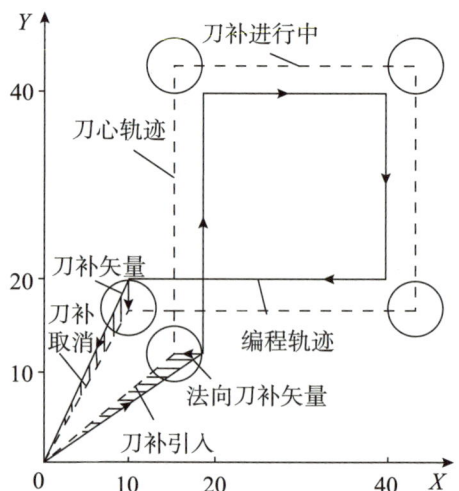

图 6-13　刀补过程

D 所指的存储器中。

2. 刀补的进行。

在 G41、G42 指令后，刀具中心始终与编程轨迹相距一个补偿值，直到刀补取消。

3. 刀补的取消。

刀具离开工件，刀具中心轨迹要过渡到与编程轨迹重合。当刀具以 G41 或 G42 的形式加工完工件并回到起点后，就进入取消刀补阶段，此时也要用 G00 或 G01 指令。

（五）刀补方向的判别

G17 指令对应坐标平面的刀补方向的判别，如图 6-14 所示。

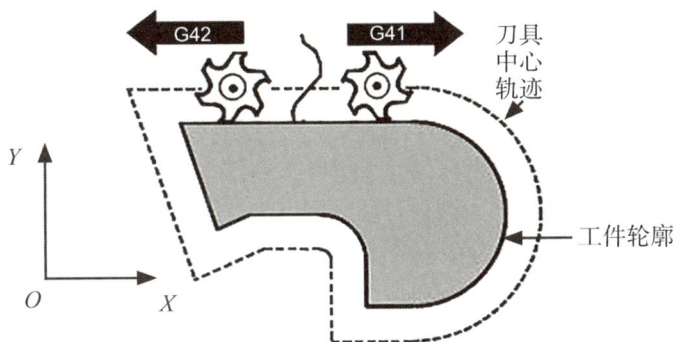

图 6-14　G17 对应坐标平面的刀补方向

（六）刀补应用时的注意事项

1. 建立和取消刀补的程序段，必须有刀具移动（即使用 G00 或 G01 指令），移动距离必须大于刀具半径。

2. 建立刀补一般在刀具切入工件之前，取消刀补在刀具切出工件之后。

3. 在切换刀补平面时，必须取消刀具半径补偿。

4. 刀具半径补偿一般为正值。由正值变负值或由负值变正值时，刀补方向改变。

5. 编程时，直接按工件轮廓尺寸编程。刀具半径补偿值不一定等于刀具半径值，同一加工程序，采用同一刀具，可通过修改刀补的办法实现对工件轮廓的粗、精加工，也可以通过修改半径补偿值获得所需要的尺寸精度。改变刀具半径补偿量，则可用同一刀具、同一程序、不同的切削余量完成加工。

6. 在建立刀补时，一定要注意干涉现象的发生。

干涉：在切削被加工表面时，如果刀具切削到了不应该切削的部分，则称为干涉，或者叫过切。如图 6-15 所示。

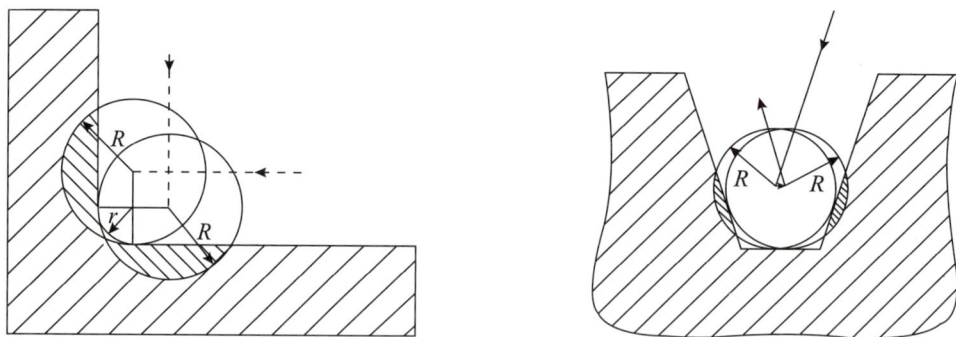

图 6-15　应用刀补时的过切现象

（七）刀补的应用

应用刀补功能，编制图 6-11（a）所示工件平面外轮廓的加工程序段（平面中心为工件零点）：

G17　G41　G01　X-30　Y-23　D01　F150

　　　　　　　　　　　　Y20

　　　　X30

　　　　　　　　　　　　Y-20

　　　　X-33

G40　G01　X-50　Y-40

三、加工工艺方案

（一）刀具选择

由图 6-9 和图 6-10 可知，加工部位为开放式外轮廓，可选用 $\phi16$ 立铣刀。

（二）铣削用量的选择

主轴转速：800 r/min。

进给速度：150 mm/min。

铣削宽度：$a_e = 10$ mm。a_e 的计算：$a_e \leqslant 0.8\phi = 0.8 \times 16$ mm $= 12.8$ mm。零件总长度为 100 mm，加工外轮廓长 60 mm，因此长度方向的单边余量为（100 − 60）÷ 2 = 20 mm。零件总宽度为 80 mm，加工外轮廓宽 40 mm，因此宽度方向的单边余量为（80 − 40）÷ 2 = 20 mm。由上述分析可知，外轮廓铣削次数（铣削刀数）为 2，$a_e = 10$ mm。

铣削深度：$a_p = 5$ mm。在工件上表面铣去 5 mm，下刀次数为 1。

（三）加工工艺路线

加工工艺路线如图 6-16 所示。

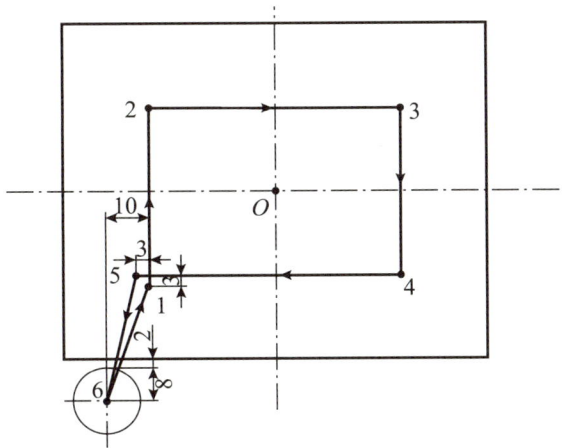

图 6-16　加工工艺路线

（四）程序编制

1. 工件坐标系的建立。

根据工件坐标系的建立原则,选择图 6-9 所示工件上表面的中心为工件零点。

2. 基点坐标计算。

基点位置如图 6-16 所示,加工外轮廓的铣削深度为 5 mm,则 Z 值为 -5,X、Y 值见表 6-4。

表 6-4　基点坐标

基点	坐标(X, Y)	基点	坐标(X, Y)
1	（-30,-23）	4	（30,-20）
2	（-30,20）	5	（-33,-20）
3	（30,20）	6	（-40,-50）

3. 加工参考程序。

文件名为 OWLK001,程序名为 %0521,加工参考程序见表 6-5。

表 6-5　加工参考程序

程序段号	程序内容					动作说明
N01	G54					建立工件坐标系
N02	M03	S800				启动主轴正转,转速为 800 r/min
N03	G00	X-40	Y-50			刀具快速定位至 6 点上方
N04		Z-5				快速下刀至要求加工的深度
N05	G41	G01	X-30	Y-23	D01 F100	建立刀补并直线进给至 1 点
N06		Y20				直线进给至 2 点
N07		X30				直线进给至 3 点
N08		Y-20				直线进给至 4 点
N09		X-33				直线进给至 5 点
N10	G40	G01	X-40	Y-50		取消刀补并直线进给至 6 点
N11	G00	Z50				快速抬刀至工件上表面 50 mm 处
N12	M05					主轴停止
N13	M30					程序结束并返回开头

注意:D01 的值需要修改两次,如图 6-17 所示。D01 的值分别为:第一刀是 18 mm,第二刀是 8 mm。

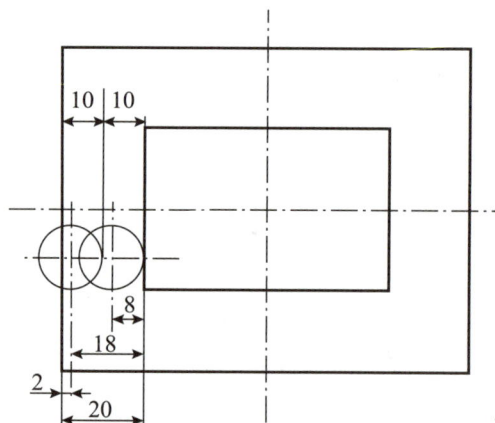

图 6-17　刀补值的计算

课题技能实训

实训　铣平面外轮廓加工技能训练

实训任务与目标

根据课程讲解的铣平面外轮廓的方法,利用 XK714 数控铣床完成实际加工操作。在该实训中,主要完成开机、回参考点、工件和刀具装夹、G54 中心对刀法、程序输入与校验模拟、零件实际加工等操作。

实训实施

1. 加工准备。

（1）开机、回参考点操作。

（2）工件装夹:把工件装夹在平口钳上,工件下面垫上平垫铁,使工件伸出钳口 5 ～ 10 mm,夹紧工件。

（3）刀具装夹:选用 ϕ 16 立铣刀,按照正确装夹方法,先把弹簧夹头装入锁紧螺母中,再装入键槽铣刀,最后将刀柄装入主轴并上紧。

2. 对刀。

应用 G54 指令,采用中心试切法对刀。

3. 零件加工。

（1）程序输入与校验模拟:先完成程序输入,然后应用相应功能进行程序校验。观察显示屏显示的模拟图形是否与要求的图形一致,若不一致,找出问题所在并更正,直至无误。

（2）零件自动加工:选择"自动"工作方式,并按循环启动键,执行零件加工程序的自动加工。

4. 操作注意事项。

（1）编程时采用刀具半径补偿指令,加工前应设置好相应的刀具半径补偿值。

（2）刀具、工件应按要求夹紧。若选用的工件材料为石蜡,切记轻轻夹紧即可,不要用力过大,以免石蜡工件碎裂。

（3）对刀操作应正确熟练,时刻注意手动移动方向,及时调整进给倍率大小,避免因移动方向错误或进给倍率过大而发生撞刀或对刀错误。

（4）为保证工件轮廓的表面加工质量,最终轮廓应安排在最后一次进给中连续加工完成。

⚙️ **实训评价**

实训结束后,填写课题实训测评表(见表 4-6)。

◀ 课题练习

一、理论部分

1. 简述铣削外轮廓时应如何安排加工路线。
2. 简述刀具半径补偿指令的执行过程。

二、实训部分

应用刀具半径补偿指令,编程加工图 6-18 和图 6-19 所示零件的外轮廓。

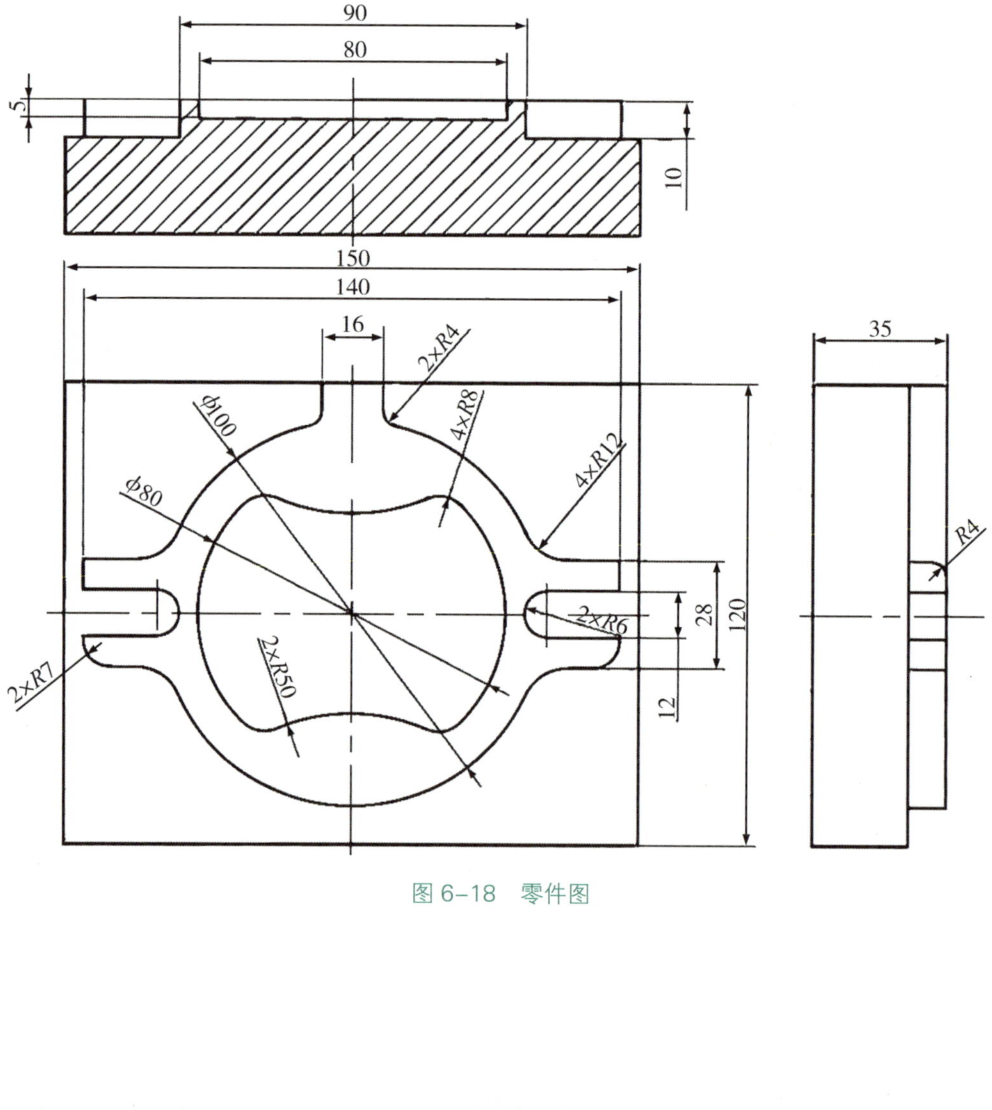

图 6-18 零件图

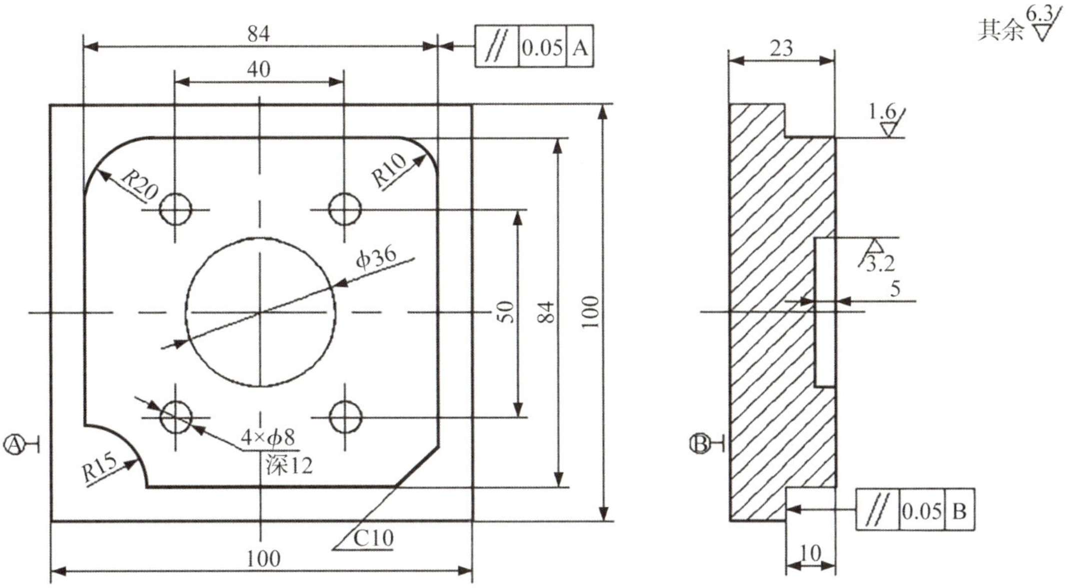

图 6-19 零件图

课题三 平面内轮廓铣削加工

课题学习目标

1. 掌握平面内轮廓加工工艺的制定方法。
2. 掌握平面内轮廓的切入、切出方式。
3. 掌握刀具半径补偿指令及其使用方法。
4. 掌握平面内轮廓加工刀具及铣削用量的选择方法。

知识学习

本课题主要完成图 6-20 和图 6-21 所示零件内轮廓（型腔）的编程加工。

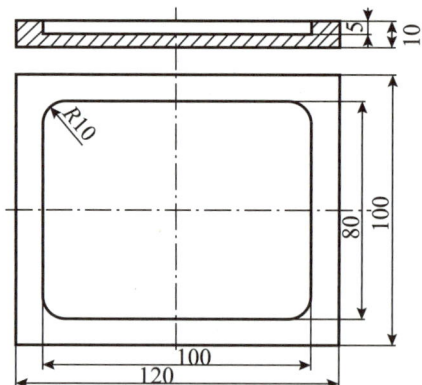

图 6-20　零件图

图 6-21　零件三维效果图

一、内轮廓的铣削加工路线

当用立铣刀的侧刃铣削平面工件的内轮廓时，不能像加工外轮廓那样从延长线处开始加工。对于加工精度要求不高的零件，可采用图 6-22（a）所示的加工路线，刀具从工件中心 O 点到达内轮廓某一基点 1；而对于加工精度要求较高的零件，可采用图 6-22（b）所示的加工路线，刀具以圆弧方式切入、切出内轮廓某一基点 2，以保证工件轮廓的光滑过渡。在内轮廓铣削中，应避免进给停顿，以免刀具在进给停顿处的轮廓表面上留下切痕。

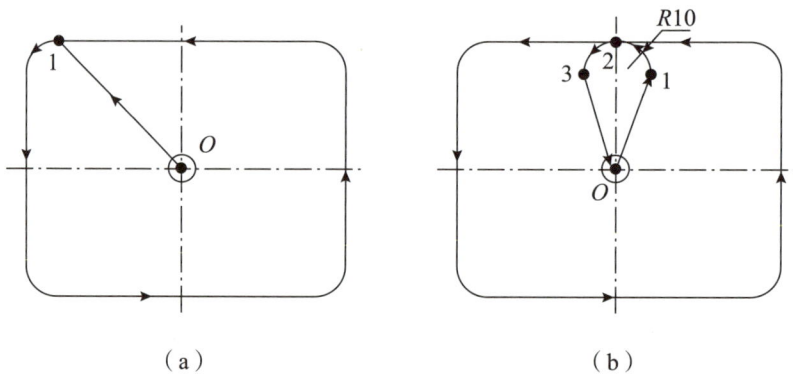

（a）

（b）

图 6-22　内轮廓的铣削加工路线

二、内轮廓的结构特点

由于立铣刀为圆柱形，因此俯视图（XOY 平面）上零件内轮廓拐角处以圆角过渡，铣刀半径 r 应小于等于圆角半径 R，否则会发生过切。

铣刀半径 r 和圆角半径 R 的关系对加工和编程的影响如图 6-23 所示。

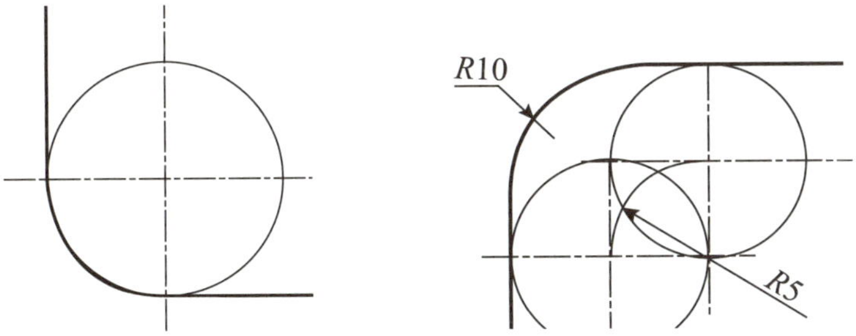

（a）$r = R$　　　　　　　　（b）$r < R$

图 6-23　铣刀半径 r 和圆角半径 R 的关系对加工和编程的影响

图 6-23（a）中，$r = R$，刀具加工圆角时，其刀位点与圆弧的圆心重合，因此编程时只需直线进给至圆心即可完成圆角的加工。

图 6-23（b）中，$r < R$，刀具加工圆角时，其刀位点需从圆弧的起点以圆弧方式进给至终点来完成加工。

三、加工工艺方案

（一）刀具选择

选用 $\phi 16$ 立铣刀。

（二）加工工艺路线

加工工艺路线如图 6-24 所示。注意：

1. 在零件的中心处加工直径 20 mm 的预制孔，以便立铣刀由该孔下刀。

2. 应用刀具半径补偿功能加工内轮廓。

（三）铣削用量的选择

主轴转速：800 r/min。

进给速度：150 mm/min。

图 6-24　内轮廓加工路线

铣削宽度：$a_e = 10$ mm。a_e 的计算：$a_e \leqslant 0.8\phi = 0.8 \times 16$ mm $= 12.8$ mm。内轮廓的长度为 100 mm，因此长度方向的单边余量为（100-20）÷2 = 40 mm。内轮廓的宽度为 80 mm，中心孔直径为 20 mm，因此宽度方向的单边余量为（80-20）÷2 = 30 mm。由上述分析可知，内轮廓铣削次数（铣削刀数）为 4（按最大余量考虑），$a_e = 10$ mm。

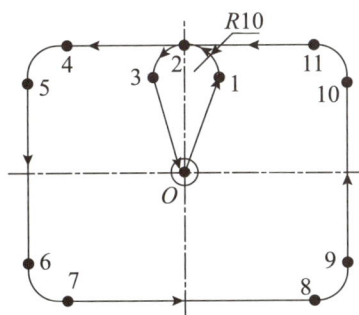

铣削深度：$a_p = 5\ mm$。在工件上表面铣去 5 mm，下刀次数为 1。

（四）程序编制

1. 工件坐标系的建立。

根据工件坐标系的建立原则，选择图 6-20 所示工件上表面的中心为工件零点。

2. 基点坐标的计算。

基点位置如图 6-24 可知，铣削深度为 5 mm，则 Z 值为 -5，X、Y 值见表 6-6。

表 6-6 基点坐标

基点	坐标（X，Y）	基点	坐标（X，Y）
1	（10，30）	7	（-40，-40）
2	（0，40）	8	（40，-40）
3	（-10，30）	9	（50，-30）
4	（-40，40）	10	（50，30）
5	（-50，30）	11	（40，40）
6	（-50，-30）		

3. 加工参考程序。

文件名为 ONLK001，程序名为 %0531，加工参考程序见表 6-7。

表 6-7 加工参考程序

程序段号	程序内容	动作说明
N01	G54	建立工件坐标系
N02	M03　S800	启动主轴正转，转速为 800 r/min
N03	G00　X0　Y0	刀具快速定位至工件零点的上方
N04	Z-5	快速下刀至要求加工的深度
N05	G41　G01　X10　Y30　D01　F100	建立刀补并直线进给至 1 点
N06	G03　X0　Y40　R10	圆弧进给至 2 点（切入工件）
N07	G01　X-40	直线进给至 4 点
N08	G03　X-50　Y30　R10	圆弧进给至 5 点
N09	G01　Y-30	直线进给至 6 点
N10	G03　X-40　Y-40　R10	圆弧进给至 7 点

续表

程序段号	程序内容	动作说明
N11	G01 X40	直线进给至 8 点
N12	G03 X50 Y−30 R10	圆弧进给至 9 点
N13	G01 Y30	直线进给至 10 点
N14	G03 X40 Y40 R10	圆弧进给至 11 点
N15	G01 X0	直线进给至 2 点
N16	G03 X−10 Y30 R10	圆弧进给至 3 点（切出工件）
N17	G40 G01 X0 Y0	取消刀补并直线进给至工件零点下方
N18	G00 Z50	快速抬刀至工件上表面 50 mm 处
N19	M05	主轴停止
N20	M30	程序结束并返回开头

注意：D01 的值需要修改 4 次，如图 6-25 所示。D01 的值分别为：第一刀是 38 mm，第二刀是 28 mm，第三刀是 18 mm，第四刀是 8 mm。

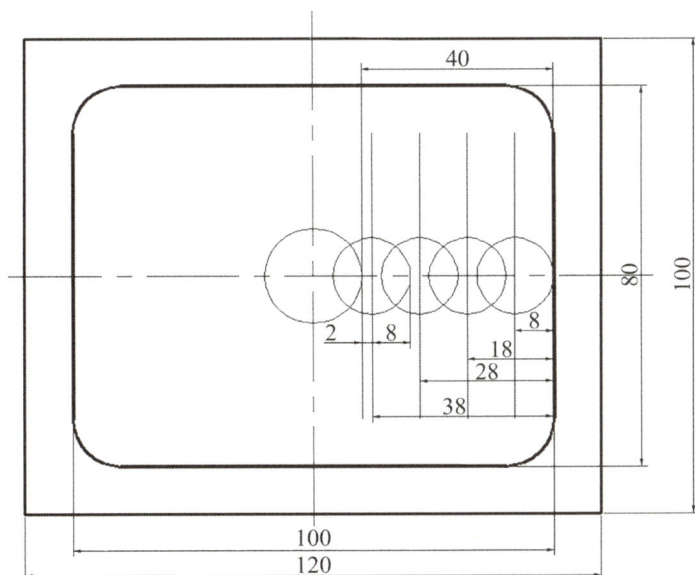

图 6-25 刀补值的计算

➡ 课题技能实训

🎓 实训　铣平面内轮廓加工技能训练

⚙ 实训任务与目标

根据课程讲解的铣平面内轮廓方法,利用 XK714 数控铣床完成实际加工操作。在该实训中,主要完成开机、回参考点、工件和刀具装夹、G54 中心对刀法、程序输入与校验模拟、零件实际加工等操作。

⚙ 实训实施

1. 加工准备。

(1)开机、回参考点操作。

(2)工件装夹:把工件装夹在平口钳上,工件下面垫上平垫铁,使工件伸出钳口 5 ～ 10 mm,夹紧工件。

(3)刀具装夹:选用 φ16 立铣刀,按照正确装夹方法,先把弹簧夹头装入锁紧螺母中,再装入键槽铣刀,最后将刀柄装入主轴并上紧。

2. 对刀。

应用 G54 指令,采用中心试切法对刀。

3. 零件加工。

(1)程序输入与校验模拟:先完成程序输入,然后应用相应功能进行程序校验。观察显示屏显示的模拟图形是否与要求的图形一致,若不一致,找出问题所在并更正,直至无误。

(2)零件自动加工:选择"自动"工作方式,并按循环启动键,执行零件加工程序的自动加工。

4. 操作注意事项。

(1)编程时采用刀具半径补偿指令,加工前应设置好相应的半径补偿值。

(2)刀具、工件应按要求夹紧。若选用的工件材料为石蜡,切记轻轻夹紧即可,不要用力过大,以免石蜡工件碎裂。

(3)对刀操作应正确熟练,时刻注意手动移动方向,及时调整进给倍率大小,避免因移动方向错误或进给倍率过大而发生撞刀或对刀错误。

(4)为保证工件轮廓的表面加工质量,最终轮廓应安排在最后一次进给中连续加工完成。

（5）内轮廓无法加工预制孔,精加工时可用立铣刀以螺旋线方式下刀或用键槽铣刀代替。

⚙️ **实训评价**

实训结束后,填写课题实训测评表(见表 4-6)。

▶ **课题练习**

一、理论部分

1. 简述内轮廓铣削时如何安排加工路线。

2. 简述内轮廓铣削时铣刀半径与圆角半径的关系,并说明其对编程加工有何影响。

二、实训部分

编程加工图 6-26、图 6-27、图 6-28 所示图形的内轮廓。

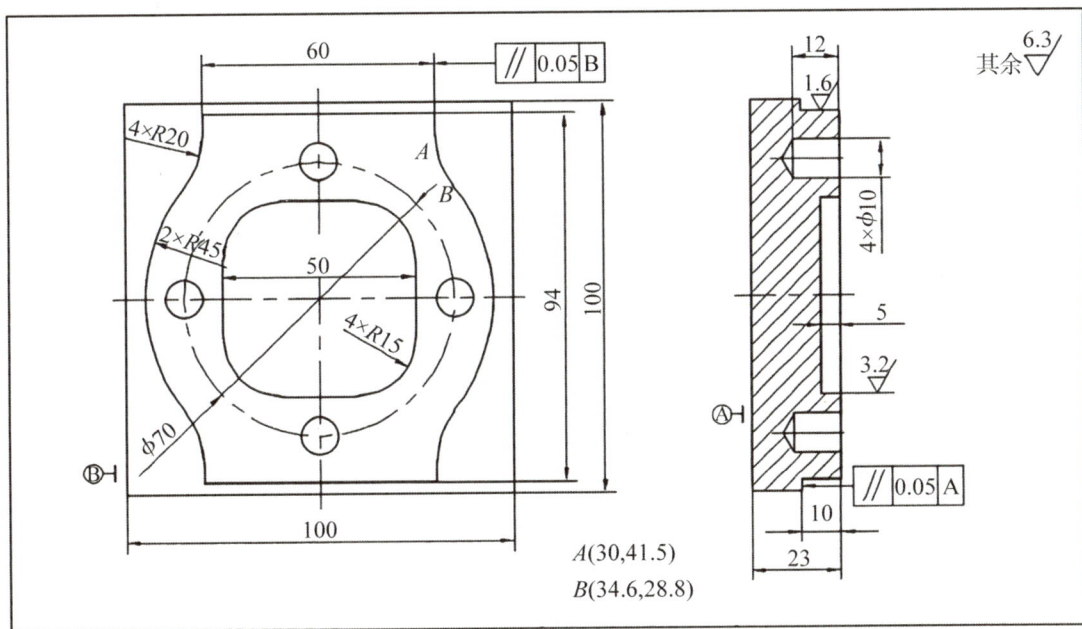

图 6-26　零件图

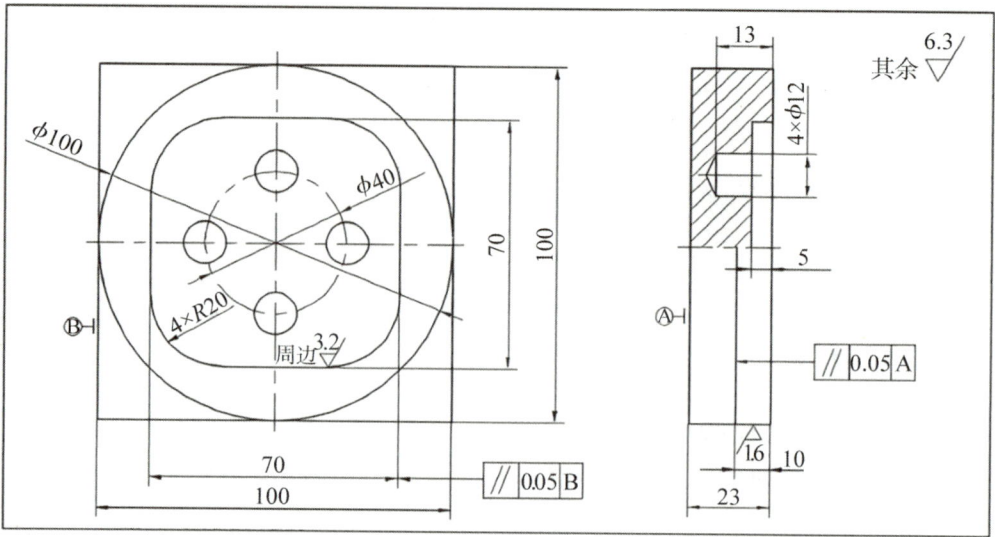

图 6-27 零件图

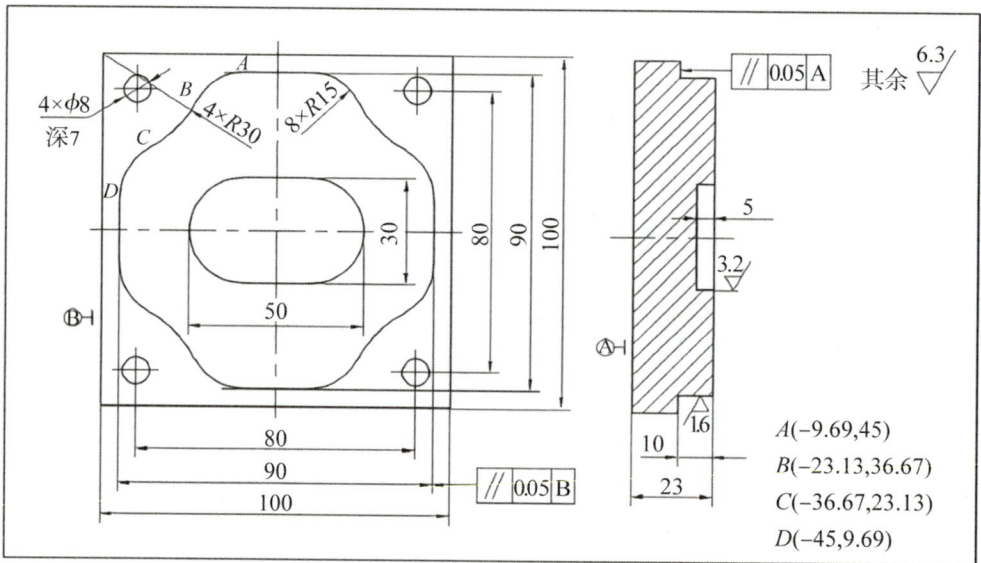

A(-9.69,45)
B(-23.13,36.67)
C(-36.67,23.13)
D(-45,9.69)

图 6-28 零件图

模块七　简化编程功能

内容介绍

　　本模块主要引导学生学习 HNC-818B 数控系统的简化编程功能,内容包括镜像功能、缩放功能、旋转功能等简化编程功能的指令及应用。

课程思政

　　从前,有两个饥饿的人得到了一位长者的恩赐:一根鱼竿和一篓鲜活硕大的鱼。其中,一个人要了一篓鱼,另一个人要了一根鱼竿,然后他们分道扬镳了。得到鱼的人原地就用干柴搭起篝火煮起了鱼,他狼吞虎咽,还没有品出鲜鱼的肉香,就吃了个精光,不久,他便饿死在空空的鱼篓旁。另一个人则提着鱼竿忍饥挨饿,一步步艰难地向海边走去,可当他已经看到不远处那片蔚蓝色的海洋时,他浑身的最后一点力气也使完了,只能带着无尽的遗憾撒手人间。又有两个饥饿的人,他们同样得到了长者恩赐的一根鱼竿和一篓鱼。只是他们并没有各奔东西,而是商定共同去寻找大海。他俩每次只煮一条鱼,互相加油打气,经过遥远的跋涉,终于来到了海边。从此,两人开始了捕鱼为生的日子,几年后,他们盖起了房子,有了各自的家庭、子女,有了自己建造的渔船,过上了幸福安康的生活。

心得感悟

　　只有把理想和现实有机结合起来,才有可能成为一个成功之人。有时候,一个简单的道理,却足以给人意味深长的生命启示。

课题一　镜像功能

课题学习目标

1. 掌握镜像功能的指令及格式。
2. 掌握镜像功能应用的条件。
3. 能灵活运用主、子程序等完成镜像功能的编程,提高编程效率。

知识学习

一、镜像功能的基本知识

当工件(或某部分)加工轮廓具有相对于某坐标轴(或坐标原点)对称的形状时,可以利用镜像功能和子程序来简化编程。

镜像功能能将数控加工刀具的轨迹沿某坐标轴(或坐标原点)进行镜像变换,形成对称的刀具加工轨迹。

二、镜像功能的应用条件

只有当工件(或某部分)加工轮廓关于坐标轴对称或以坐标原点 O 为对称中心时,才能使用镜像功能。

三、镜像功能的指令及格式

1. 镜像功能的指令为 G24 和 G25。
2. 格式:

G24　X_　Y_　Z_　A_

M98　P_

G25　X_　Y_　Z_　A_

3. 说明:

(1)G24 用于建立镜像,G25 用于取消镜像,X、Y、Z、A 用于标明镜像位置。

(2)当某坐标轴的镜像有效时,执行与编程方向相反的运动。

(3)G24、G25 为模态指令,可相互注销,G25 为缺省值。

四、镜像功能应用例题

应用镜像功能,编制图 7-1 所示零件的加工程序。

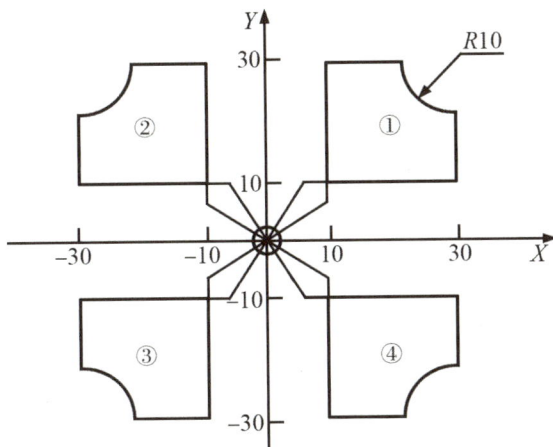

图 7-1 镜像功能的应用

主程序为:

%0601	主程序名
G54 G91 G17 M03	
M98 P100	加工①
G24 X0	Y 轴镜像,对称轴为 $X=0$
M98 P100	加工②
G24 X0 Y0	X 轴、Y 轴镜像,对称中心为($0,0$)
M98 P100	加工③
G25 X0	取消 Y 轴镜像
G24 Y0	X 轴镜像,对称轴为 $Y=0$
M98 P100	加工④
G25 Y0	取消 X 轴镜像
M05	
M30	

子程序(①的加工程序)为:

%100

G41 G00 X10.0 Y4.0 Z105.0 D01

Y1.0

Z-98.0

G01　Z−7.0　F100

Y25.0

X10.0

G03　X10.0　Y−10.0　I10.0

G01　Y−10.0

X−25.0

G00　Z105.0

G40　X−5.0　Y−10.0

M99

课题二　旋转功能

课题学习目标

1. 掌握旋转功能的指令及格式。

2. 掌握旋转功能应用的条件。

3. 能灵活运用主、子程序等完成旋转功能的编程,提高编程效率。

知识学习

一、旋转功能的基本知识

该功能可使编程图形按照指定的旋转中心及旋转方向旋转一定的角度。

二、旋转功能的应用条件

使用该功能时,通常和子程序一起使用,加工旋转到一定位置的重复程序段。

三、旋转功能的指令及格式

1. 旋转功能的指令为 G68 和 G69。

2. 格式:

G17　G68　X_　Y_　P_

G18　G68　X_　Z_　P_

G19   G68   Y_   Z_   P_

M98   P_

G69

3. 说明：

（1）G68 用于建立旋转，G69 用于取消旋转；X、Y、Z 表示旋转中心的坐标值；P 表示旋转角度，单位是度（°），取值范围是 0 ～ 360°。

（2）在有刀具补偿的情况下，先旋转后刀补（刀具半径补偿、长度补偿）；在有缩放功能的情况下，先缩放后旋转。

（3）G68、G69 为模态指令，可相互注销，G69 为缺省值。

四、旋转功能应用例题

利用旋转功能，编制图 7-2 所示零件的加工程序。

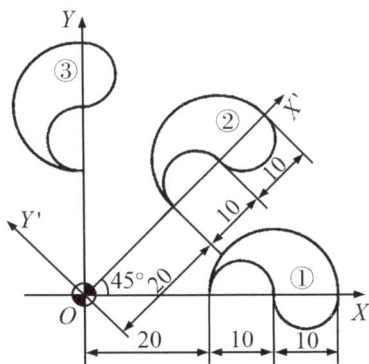

图 7-2　旋转功能的应用

主程序为：

%0602   主程序名

G54   G90   G17   M03

M98   P100   加工①

G68   X0   Y0   P45   旋转 45°

M98   P100   加工②

G69   取消旋转

G68   X0   Y0   P90   旋转 90°

M98   P100   加工③

G69   M05   M30   取消旋转

子程序（①的加工程序）为：

%100

G90   G01   X20   Y0   F100

G02   X30   Y0   I5

G03   X40   Y0   I5

X20   Y0   I10

G00   X0   Y0

M99

课题三　缩放功能

▶ 课题学习目标

1. 掌握缩放功能的指令及格式。

2. 掌握缩放功能应用的条件。

3. 能灵活运用主、子程序等完成缩放功能的编程，提高编程效率。

▶ 知识学习

一、缩放功能的基本知识

使用缩放功能可实现用同一程序加工出形状相同、尺寸不同的零件。

二、缩放功能的应用条件

使用该功能时，通常和子程序一起使用，加工以某位置为中心成比例放大或缩小的图形。

三、缩放功能的指令及格式

1. 缩放功能的指令为 G50 和 G51。

2. 格式：

G51   X_   Y_   Z_   P_

M98   P_

G50

3. 说明:

（1）G51 用于建立缩放, G50 用于取消缩放, X、Y、Z 表示缩放中心的坐标值, P 表示缩放倍数。

（2）G51 既可指定平面缩放,也可指定空间缩放。

（3）在有刀具补偿的情况下,先进行缩放,再进行刀具半径补偿、长度补偿。

（4）G51、G50 为模态指令,可相互注销, G50 为缺省值。

四、缩放功能应用例题

使用缩放功能,编制图 7-3 所示轮廓的加工程序。

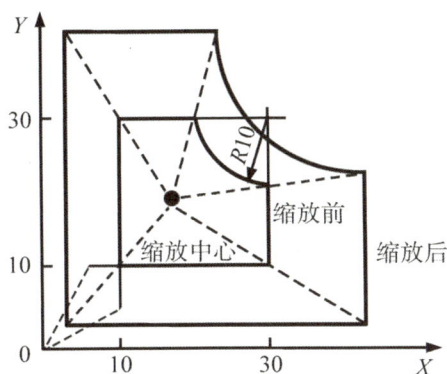

图 7-3　缩放功能的应用

主程序为:

%0603	主程序名
G92　X0　Y0　Z25.0	
G90　G00　Z5.0　M03	
G01　Z-18.0　F100	
M98　P100	
G01　Z-28.0	
G51　X15.0　Y15.0　P2	缩放中心为(15,15),放大到 2 倍
M98　P100	
G50	
G00　Z25.0　M05	
M30	

子程序(缩放前轮廓的加工程序)为:

%100

G91　G41　G00　X10.0　Y4.0　D01

G01　Y26.0

X10.0

G03　X10.0　Y−10.0　I10.0

G01　Y−10

X−25

G40　G00　X−5　Y−10

M99

课题技能实训

实训　简化编程铣削加工技能训练

实训任务与目标

根据课程讲解的简化编程知识,利用 XK714 数控铣床完成实际加工操作。在该实训中,主要完成开机、回参考点、工件和刀具装夹、G54 中心对刀法、程序输入与校验模拟等操作,掌握简化编程的用法,完成图 7-4 所示零件的实际加工。

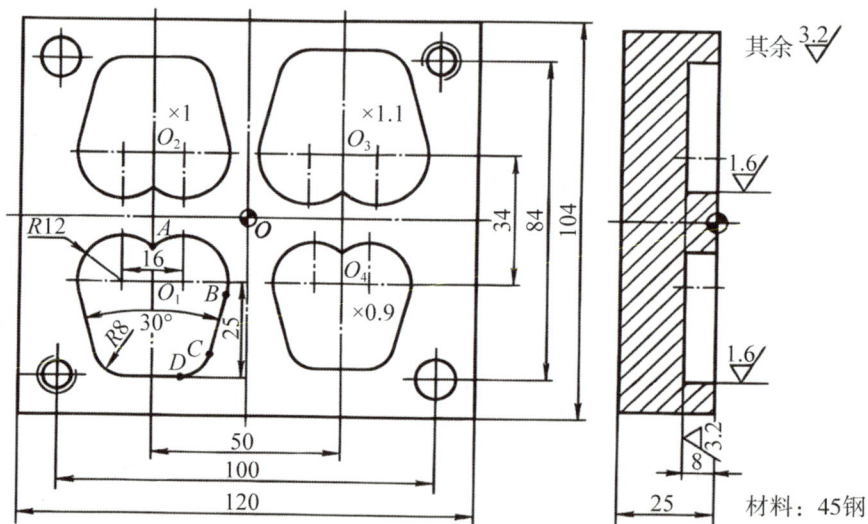

技术要求:
1. 工件表面去毛倒棱。
2. 工时5 h。

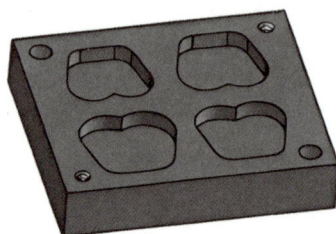

图 7-4　零件图

⚙ **实训实施**

1. 加工准备。

（1）开机、回参考点操作。

（2）工件装夹：把工件装夹在平口钳上，工件下面垫上平垫铁，使工件伸出钳口 5 ～ 10 mm，夹紧工件。

（3）刀具装夹：选用 $\phi 16$ 立铣刀，按照正确装夹方法，先把弹簧夹头装入锁紧螺母中，再装入所需刀具，最后将刀柄装入主轴并上紧。

2. 对刀。

应用 G54 指令，采用中心试切法对刀。

3. 零件加工。

（1）程序输入与校验模拟：先完成程序输入，然后应用相应功能进行程序校验。观察显示屏显示的模拟图形是否与要求的图形一致，若不一致，找出问题所在并更正，直至无误。

（2）零件自动加工：选择"自动"工作方式，并按循环启动键，执行零件加工程序的自动加工。

4. 操作注意事项。

（1）工件装夹时，要考虑垫铁与加工部位是否干涉。

（2）刀具、工件应按要求夹紧。若选用的工件材料为石蜡，切记轻轻夹紧即可，不要用力过大，以免石蜡工件碎裂。

（3）对刀操作应正确熟练，时刻注意手动移动方向，及时调整进给倍率大小，避免因移动方向错误或进给倍率过大而发生撞刀或对刀错误。

⚙ **实训评价**

实训结束后，填写课题实训测评表（见表 4-6 ）。

➡ **课题练习**

一、理论部分

1. 简化编程功能的指令有哪几种？

2. 简述简化编程功能的指令应用的加工场合。

二、实训部分

应用简化编程功能，编程加工图 7-5 和图 7-6 所示的图形。

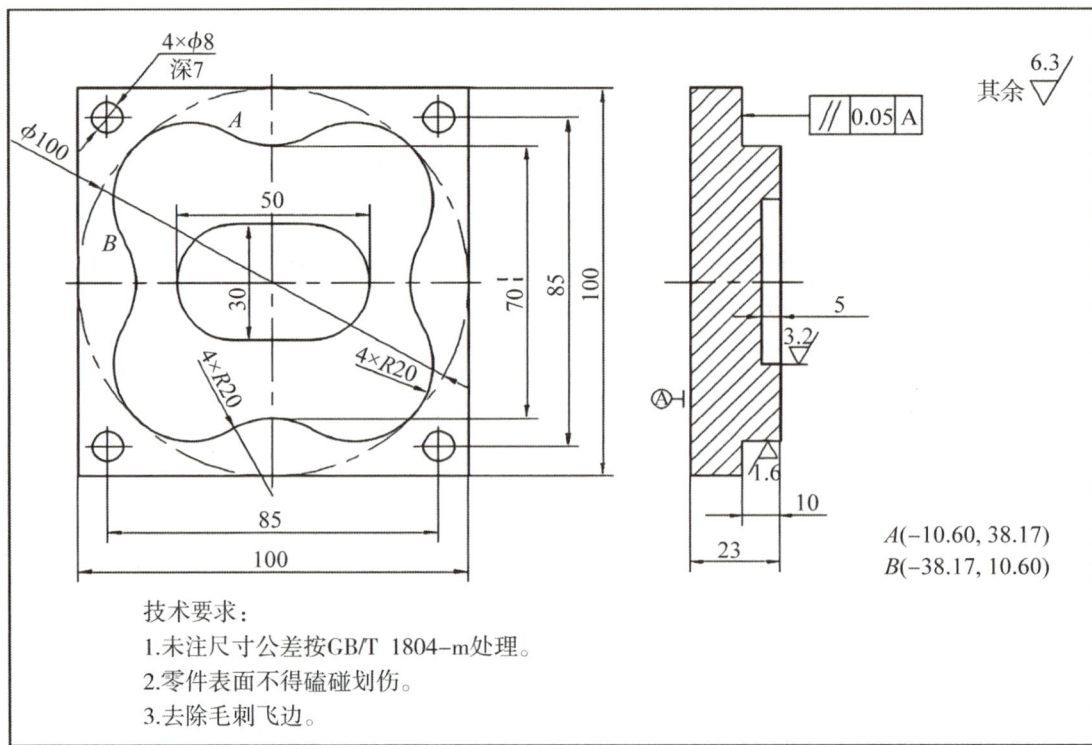

技术要求：
1.未注尺寸公差按GB/T 1804-m处理。
2.零件表面不得磕碰划伤。
3.去除毛刺飞边。

A(-10.60, 38.17)
B(-38.17, 10.60)

图 7-5　零件图

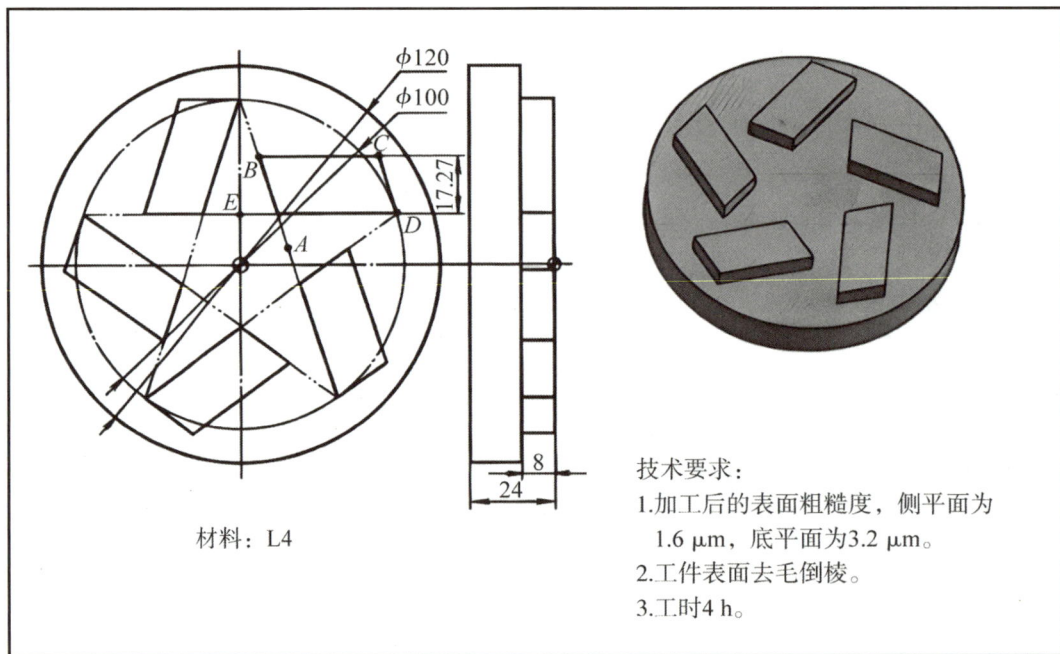

材料：L4

技术要求：
1.加工后的表面粗糙度，侧平面为
　 1.6 μm，底平面为3.2 μm。
2.工件表面去毛倒棱。
3.工时4 h。

图 7-6　零件图

模块八 宏程序及其应用

内容介绍

数控机床编程中的宏程序是一种高级编程技术,它允许用户创建参数化的程序,以简化复杂形状工件的加工过程。宏程序通过使用变量和控制语句,如循环和条件判断,来实现对加工过程的灵活控制。在宏程序中,用户可以定义参数,这些参数在程序运行时可以被赋予不同的值,从而实现对加工过程的动态调整。

在数控机床编程中,宏程序的使用可以显著提高编程效率和加工精度,尤其适用于批量生产或加工复杂零件。通过宏程序,可以实现对数控机床的高级控制,满足现代制造业对高效率和高精度的需求。

课程思政

有一个人看到一位老农把喂牛的草料铲到一间茅草屋的屋檐上,不禁感到奇怪,于是就问道:"老公公,你为什么不把喂牛的草料放在地上让它吃?"老农说:"这种草料草质不好,我要是放在地上,它就会不屑一顾;但是我放到让它勉强可够得着的屋檐上,它会努力去吃,直到把全部草料吃个精光。"

心得感悟

人大多生活在猜想和期盼中,如果你对自己的未来一览无余,也许一切都会索然无味。

➡ 模块学习目标

1. 熟练掌握宏变量的定义、引用和赋值方式。
2. 熟练掌握变量的运算和控制指令的使用技巧。
3. 掌握宏程序编程的特点、思路和程序结构。

4. 掌握编制宏程序时数学模型的建立和数学关系的表达方法。

5. 能够熟练运用宏程序编制加工程序。

知识学习

对于某些具有抛物线、椭圆、双曲线等曲线轮廓的特殊零件,用数控机床的普通 G 代码指令是难以加工的。怎么办呢? 对于这类零件,比较适合使用宏程序进行编程。宏程序不仅适合上述零件的编程,还适合图形一样、尺寸不同的系列零件的编程,同样适合工艺路径一样、位置数据不同的系列零件的编程。

HNC-818B 配备了强有力的类似于高级语言的宏程序功能,编程人员可以使用变量进行算术运算、逻辑运算和函数的混合运算。此外,宏程序还提供了循环语句、分支语句和子程序调用语句,便于编制各种复杂的零件加工程序,减少乃至免除手工编程时烦琐的数值计算,极大地提高编程效率,简化程序,以扩展数控机床的应用范围。

一、宏程序的概念

宏程序与普通程序的区别在于: 在宏程序中,能使用变量,可以给变量赋值,变量间可以运算,程序可以跳转;而在普通程序中,只能指定常量,常量之间不能运算,程序只能按顺序执行,不能跳转,因此功能是固定的,不能变化。简单来说,宏程序就是利用变量编制的程序。

宏程序的主要特征有以下几个方面:

1. 参数化编程:通过定义变量来代表尺寸、位置等参数,使得程序能够适应不同的加工要求。宏程序不仅可以使用变量代替具体数值,还可以用变量进行运算,也可以使用控制语句。

2. 灵活性和可重用性:宏程序可以被设计成模块,方便在不同的加工任务中重用和修改。

3. 自动化处理:宏程序可以自动计算复杂形状的坐标和路径,减少手动编程的工作量。

4. 错误检查和优化:宏程序可以包含逻辑判断,用于检查输入参数的合法性,并优化加工路径。

二、宏变量(变量)

在常规的主程序和子程序内,总是将一个具体的数值赋给一个地址,例如 Y30 和 F100 等。

使用宏程序时,可以设置变量,即将变量赋给一个地址,例如:

$\#1 = \#2 + \#3 \quad X[\#3]$

（一）变量的表示

变量用符号"#"加变量号指定，例如 #1、#101。

若用表达式指定变量号，则该表达式应封闭在括号［　］中，例如 #［#1 + #2-1］。

（二）变量的类型

#0 ～ #49：当前局部变量，只在应用的程序中起作用。

#50 ～ #199：全局变量，对整个程序都起作用。

当前局部变量 #0 ～ #38 对应的宏调用量传递的字段参数名见表 8-1。

表 8-1　当前局部变量 #0 ～ #38 对应的宏调用量传递的字段参数名

当前局部变量	宏调用量传递的字段参数名或系统变量
#0	A
#1	B
#2	C
#3	D
#4	E
#5	F
#6	G
#7	H
#8	I
#9	J
#10	K
#11	L
#12	M
#13	N
#14	O
#15	P
#16	Q
#17	R
#18	S

续表

当前局部变量	宏调用量传递的字段参数名或系统变量
#19	T
#20	U
#21	V
#22	W
#23	X
#24	Y
#25	Z
#26	固定循环指令初始平面 Z 模态值
#27	不用
#28	不用
#29	不用
#30	调用子程序时轴 0 的绝对坐标
#31	调用子程序时轴 1 的绝对坐标
#32	调用子程序时轴 2 的绝对坐标
#33	调用子程序时轴 3 的绝对坐标
#34	调用子程序时轴 4 的绝对坐标
#35	调用子程序时轴 5 的绝对坐标
#36	调用子程序时轴 6 的绝对坐标
#37	调用子程序时轴 7 的绝对坐标
#38	调用子程序时轴 8 的绝对坐标

例如该语句：

A0　B5　C10　D30　E20　F1　M98　P2011

在宏程序中为 $\#0 = 0, \#1 = 5, \#2 = 10, \#3 = 30, \#4 = 20, \#5 = 1$。

（三）变量的引用

将跟随在一个地址后的数值用一个变量来代替，即引入了变量。例如：

1. 对于 F［#1］，若 #1 = 80，则为 F80。

2. 对于 Z［-#10］，若 #10 = 5，则为 Z-5。

3. 对于 G［#110］,若 #110 = 2,则为 G02。

注:若改变引用变量值的符号,要把负号放在 # 的前面,并封闭在括号［ ］中。

三、常量

宏程序中常用的常量有:

PI:圆周率 π。

TRUE:条件成立(真)。

FALSE:条件不成立(假)。

四、运算符与表达式

算术运算符:+(加)、-(减)、*(乘)、/(除)。

条件运算符:EQ(=)、NE(≠)、GT(>)、GE(≥)、LT(<)、LE(≤)。

逻辑运算符:AND(与)、OR(或)、NOT(非)。

函数:SIN(正弦)、COS(余弦)、TAN(正切)、ATAN(反正切,−90º ～ 90º)、ATAN2(反正切,−180º ～ 180º)、SQRT(开平方)、ABS(绝对值)。

表达式:用运算符连接起来的常数、宏变量构成表达式,例如:［#10 + #11］*2 GE 20;$18 \div \sqrt{3} \times \sin 60º$ 在宏程序中表示为 18/SQRT［3］*SIN［60*PI/180］。

注:角度值用弧度来表示,例如 60º 表示为 60*PI/180。

五、赋值语句

把常数或表达式的值赋给一个宏变量称为赋值。

格式:宏变量=常数或表达式。例如:

#1 = 10

#20 =［#10 + #11］*2

#101 = 18/SQRT［3］*SIN［60*PI/180］

常见的变量运算功能见表 8-2。

表 8-2 变量运算功能一览表

类型	功能	格式	举例
算术运算	加法	#i = #j + #k	#0 = #1 + #2
	减法	#i = #j − #k	#0 = #1 − #2
	乘法	#i = #j*#k	#0 = #1*#2
	除法	#i = #j/#k	#0 = #1/#2

类型	功能	格式	举例
函数运算	正弦	#i = SIN［#j*PI/180］	#0 = SIN［#1*PI/180］
	余弦	#i = COS［#j*PI/180］	#0 = COS［#1*PI/180］
	正切	#i = TAN［#j*PI/180］	#0 = TAN［#1*PI/180］
	反正切	#i = ATAN［#j］	#0 = ATAN［#1］
	平方根	#i = SQRT［#j］	#0 = SQRT［#1］
	绝对值	#i = ABS［#j］	#0 = ABS［#1］
逻辑运算	与	#i = #j AND #k	#0 = #1 AND #2
	或	#i = #j OR #k	#0 = #1 OR #2
	非	#i = #j NOT #k	#0 = #1 NOT #2

注意：在逻辑运算中，是对二进制数进行逐位计算；在赋值运算中，表达式可以是变量自身与其他数据的运算结果，例如 #1 = #1 + 1，表示 #1 的值为 #1 + 1，如果我们给 #1 的初始赋值为 1，则运算结果为 #1 = 1 + 1 = 2，所以 #1 的值就变为 2。

六、运算优先级

运算符的优先顺序是：

1. 函数。函数的优先级最高。

2. 乘、除、与运算。乘、除、与运算的优先级次于函数的优先级。

3. 加、减、或、非运算。加、减、或、非运算的优先级次于乘、除、与运算。

4. 条件运算。条件运算的优先级最低。

注意：用方括号［ ］可以改变优先级。

七、控制语句

（一）条件判别语句

格式一：

IF 条件表达式	IF［#1 LE 10］
…	#1 = #1 + 1
ELSE	ELSE
…	G01 X［#1］F100
ENDIF	ENDIF

格式二：

IF 条件表达式   IF［#1 GT［−10］］

　…   G01 X［#1］F100

                        #1＝#1−1

ENDIF   ENDIF

（二）循环语句

格式：

WHILE 条件表达式   WHILE［#1 LE 5］

　…   G01 X［#1］F100

                        #1＝#1＋0.5

ENDW   ENDW

八、常用公式曲线及其方程

通过前面基础知识的学习，我们知道了数控系统基本的插补方法有两种：直线插补和圆弧插补。但在实际应用中，我们经常会遇到椭圆、抛物线、双曲线等公式曲线加工轮廓，而这一类曲线对应的插补指令是没有的，手工常规编程也无法编制出这类曲线的加工程序。针对类似的公式曲线加工轮廓，常利用宏程序，以小段直线或小段圆弧逼近的方法来编制加工程序。这种编程方法效率高，程序简洁，可以最大限度地发挥手工编程的优势。

（一）椭圆的标准方程

如图 8-1 所示，对椭圆上任意一点 $M(X,Y)$ 有：

$$\frac{X^2}{a^2}+\frac{Y^2}{b^2}=1$$

其中 a 为椭圆长半轴的长度，b 为椭圆短半轴的长度。

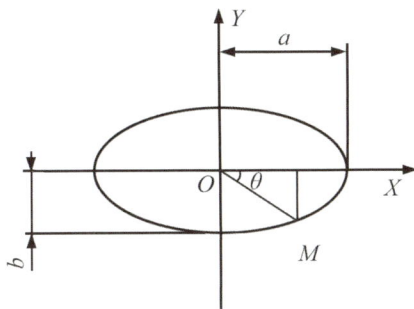

图 8-1 椭圆图形

（二）椭圆的参数方程

图 8-1 中，若用角度参数 θ 来表示，则椭圆上任意一点 M 的坐标值 (X, Y) 可表示为：

$$X = a\cos\theta, \, Y = b\sin\theta$$

九、公式曲线宏程序编制的基本方法及步骤

根据学过的方程基本知识，我们知道在方程中可以将未知数分为两种：因变量和自变量。因变量单独写在方程的左边，自变量可以和其他常数写在方程的右边。如：$Y = -X^2/12$，X 为自变量，Y 为因变量。

公式曲线宏程序编制的基本步骤：

1. 根据给定的标准方程选定自变量并确定自变量和因变量的范围。

（1）公式曲线中的 X 和 Y 可以选定任意一个为自变量，一般选择变化范围较大的一个或根据表达式的情况来选定。如：$Y = -X^2/12$，选 X 为自变量比较合适，而选 Y 为自变量需要变换表达式，比较麻烦。

（2）自变量选定以后，确定其变化的范围。如 $Y = -X^2/12$，$X \in [0, 8]$，则自变量 X 的变化范围为 $0 \sim 8$，可以通过公式得到 Y 的取值范围。

2. 根据给定的标准方程或变量之间的关系确定因变量与自变量的表达式。如 $Y = -X^2/12$ 按格式要求书写为 $Y = -[X * X]/12$。

3. 编制程序。上述例题可写为：

#1 = 0	自变量 X 的初始值
WHILE [#1 LE [8]]	自变量 X 的变化范围
#2 = -[X * X]/12	因变量 Y 的值
#1 = #1 + 1	自变量 X 的变化值（步距）
ENDW	

十、宏程序例题

（一）椭圆加工

编程思路：以一小段直线代替曲线。

例 1：整椭圆轨迹线加工，如图 8-2 所示。（假设加工深度为 2 mm）

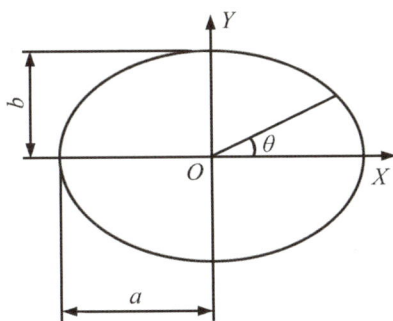

图 8-2　椭圆加工

已知椭圆的参数方程为：

$$X = a\cos\theta$$

$$Y = b\sin\theta$$

设定 $\theta = \#1$（0°～360°），那么可得变量表达式：

$$X = \#2 = a * \mathrm{COS}\,[\#1]$$

$$Y = \#3 = b * \mathrm{SIN}\,[\#1]$$

程序：

%0001

S1000　M03

G90　G54　G00　Z100

G00　Xa　Y0

G00　Z3

G01　Z-2　F100

#1 = 0

N99　#2 = a * COS [#1]

#3 = b * SIN [#1]

G01　X#2　Y#3　F300

#1 = #1 + 1

IF [#1　LE　360] GOTO99

G00　Z50

M30

例 2：斜椭圆且其中心不在原点的轨迹线加工，如图 8-3 所示。（假设加工深度为 2 mm）

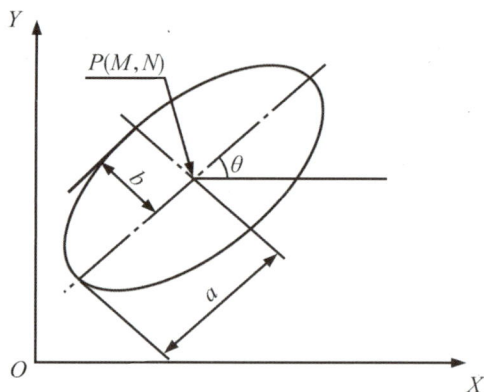

图 8-3　斜椭圆加工

椭圆中心不在原点的参数方程为：

$$X = a\cos\theta + M$$

$$Y = b\sin\theta + N$$

设定 $\theta = \#1$（$0° \sim 360°$），那么：

$$X = \#2 = a*COS[\#1] + M$$

$$Y = \#3 = b*SIN[\#1] + N$$

此椭圆绕（M，N）旋转的角度为 θ，可运用坐标旋转指令 G68：

$$G68\quad X\_\quad Y\_\quad R\_$$

其中，X、Y 表示旋转中心坐标，R 表示旋转角度。

程序：

%0002

S1000　M03

G90　G54　G00　Z100

G00　X0　Y0

G00　Z3

G68　XM　YN　R45

#1 = 0

N99　#2 = a*COS[#1] + M

#3 = b*SIN[#1] + N

G01　X#2　Y#3　F300

G01　Z-2　F100

#1 = #1 + 1

IF［#1 LE 360］GOTO99

G69 G00 Z100

M30

例 3：椭圆轮廓加工，如图 8-4 所示。（假设加工深度为 2 mm）

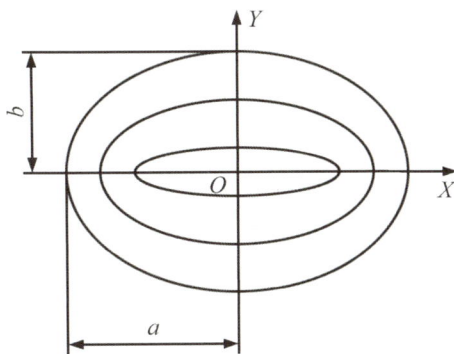

图 8-4 椭圆轮廓加工

采用椭圆的等距加工方法，使椭圆的长半轴和短半轴同时减小一个步距，直到短半轴小于刀具半径 R。

根据椭圆的参数方程可设变量表达式：

$$\theta = \#1（0° \sim 360°）$$
$$a = \#2（R \sim a-R）$$
$$b = \#3（R \sim b-R）$$
$$X = \#2*COS［\#1］= \#4$$
$$Y = \#3*SIN［\#1］= \#5$$

程序：

%0003

S1000 M03

G90 G54 G00 Z100

G00 X0 Y0

G00 Z3

G01 Z-2 F100

#2 ＝ a-R

#3 ＝ b-R

N99 #1 ＝ 0

#4 ＝ #2*COS［#1］

#5 ＝ #3*SIN［#1］

G01 X#4 Y#5 F300

#1 = #1 + 1

IF［#1 LE 360］GOTO99

#2 = #2−R

#3 = #3−R

IF［#3 GE R］GOTO99

G00 Z100

M30

例4：非整椭圆轨迹线加工，如图8-5所示，其加工辅助图形如图8-6所示。（假设加工深度为 2 mm，加工 P_1 至 P_2 段）

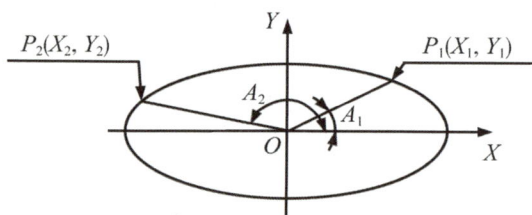

图 8-5　非整椭圆轨迹线加工

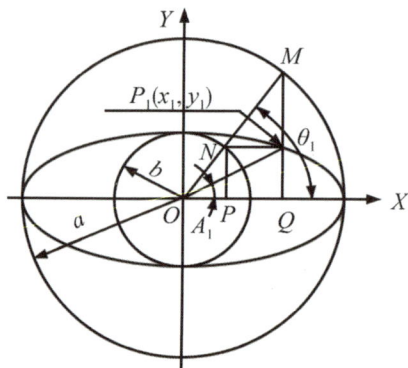

图 8-6　加工辅助图形

已知椭圆的长半轴为 a，短半轴为 b，P_1、P_2 与 X 轴正向夹角为 A_1 和 A_2。

首先根据椭圆的参数方程求出 θ_1、θ_2 和 P_1（X_1，Y_1）、P_2（X_2，Y_2），此时要注意 $A_1 \neq \theta_1$，$A_2 \neq \theta_2$，如图8-7所示，可得：

$$ON = b, OM = a, NP = P_1Q, NP_1 = PQ, X_1 = OQ, Y_1 = P_1Q$$

可列出方程：

$$OQ = OM\cos\theta_1 = a\cos\theta_1 = X_1$$

$$P_1Q = NP = ON\sin\theta_1 = b\sin\theta_1 = Y_1$$

$$\tan A_1 = P_1Q/OQ = Y_1/X_1$$

根据以上 3 个公式可解出 θ_1、X_1、Y_1,同理可解出 θ_2、X_2、Y_2。

编程方法一:根据椭圆参数方程 $X = a\cos\theta$ 和 $Y = b\sin\theta$ 设定变量表达式。如下所示:

$$\#1 = \theta \qquad (角度从 A_1 \sim A_2 变化)$$

$$\#2 = a*COS[\#1]$$

$$\#3 = b*SIN[\#1]$$

程序:

%0001

S1000　M03

G90　G54　G00　Z100

G00　Xa　Y0

G00　Z3

G01　Z−2　F100

#1 = A1

N99　#2 = a*COS[#1]

#3 = b*SIN[#1]

G01　X#2　Y#3　F300

#1 = #1 + 1

IF[#1 LE A2]GOTO99

G00　Z50

M30

编程方法二:根据椭圆标准方程 $X^2/a^2 + Y^2/b^2 = 1$ 设定变量表达。如下所示:

$$\#1 = X \qquad (X 值由 X_1 \sim X_2 变化)$$

$$\#2 = Y = b/a*SQRT[a*a-\#1*\#1]$$

程序:

%0002

S1000　M03

G90　G54　G00　Z100

G00　Xa　Y0

G00　Z3

G01　Z−2　F100

#1 = X1

N99　#2 = b/a*SQRT［a*a−#1*#1］

G01　X#1　Y#2　F300

#1 = #1−0.2

IF［#1　GE　X2］GOTO99

G00　Z100

M30

（二）球面加工

编程思想：以若干个不等半径的整圆代替曲面。

例 1：平刀加工凸半球。

已知凸半球的半径为 R，刀具半径为 r，建立几何模型，如图 8-7 所示。

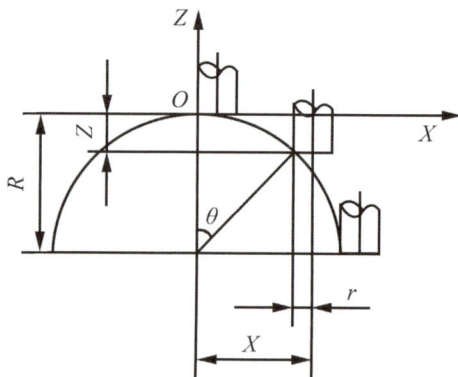

图 8-7　平刀加工凸半球

数学变量表达式：

$$#1 = \theta$$ （θ 为 0° ～ 90°，设定初始值 #1 = 0）

$$#2 = X = R*SIN［#1］+ r$$ （刀具中心坐标）

$$#3 = Z = R-R*COS［#1］$$

编程时以凸半球的顶点为坐标原点。

程序：

%0001

S1000　M03

G90　G54　G00　Z100

G00　X0　Y0

G00　Z3

#1 = 0

```
WHILE［#1 LE 90］DO1
#2 = R*SIN［#1］+ r
#3 = R-R*COS［#1］
G01   X#2   Y0   F300
G01   Z-#3   F100
G02   X#2   Y0   I-#2   J0   F300
#1 = #1 + 1
END1
G00   Z100
M30
```

如果加工球体的某一部分,可以通过调整 #1 也就是 θ 角的变化范围来实现。

例 2: 球刀加工凸半球。

已知凸半球的半径为 R,刀具半径为 r,建立几何模型,如图 8-8 所示。

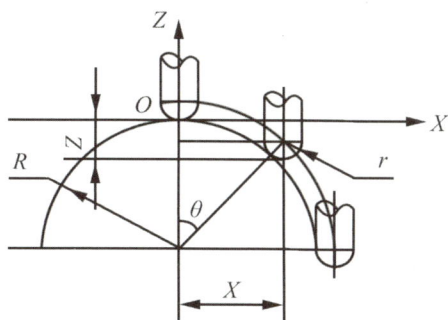

图 8-8　球刀加工凸半球

设定变量表达式:

$$#1 = \theta \qquad (\theta\ 为\ 0° \sim 90°,设定初始值\ #1 = 0)$$

$$#2 = X = [R + r]*SIN[#1] \qquad (刀具中心坐标)$$

$$#3 = Z = R - [R + r]*COS[#1] + r = [R + r]*[1 - COS[#1]]$$

编程时以凸半球的顶点为坐标原点。

程序:

```
%0001
S1000   M03
G90   G54   G00   Z100
G00   X0   Y0
G00   Z3
#1 = 0
```

WHILE［#1 LE 90］DO1

#2 =［R + r］*SIN［#1］

#3 =［R + r］*［1−COS［#1］］

G01 X#2 Y0 F300

G01 Z−#3 F100

G02 X#2 Y0 I−#2 J0 F300

#1 = #1 + 1

END1

G00 Z100

M30

例3：球刀加工凹半球。

已知凹半球的半径为 R，刀具半径为 r，建立几何模型，如图 8-9 所示。

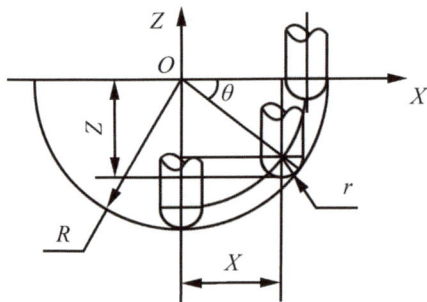

图 8-9 球刀加工凹半球

设定变量表达式：

#1 = θ   （θ 为 0° ～ 90°，设定初始值 #1 = 0）

#2 = X =［R−r］*COS［#1］   （刀具中心坐标）

#3 = Z =［R−r］*SIN［#1］+ r

程序：

%0003

S1000 M03

G90 G54 G00 Z100

G00 X0 Y0

G00 Z3

#1 = 0

WHILE［#1 LE 90］DO1

#2 =［R−r］*COS［#1］

#3＝［R−r］*SIN［#1］＋r

G01　X#2　Y0　F300

G01　Z−#3　F100

G03　X#2　Y0　I−#2　J0　F300

#1＝#1＋1

END1

G00　Z100

M30

当加工凹半球的一部分时,可以通过改变#1即θ角的取值范围来实现。如果凹半球底部不加工,可以利用平刀加工,方法相似。

(三)孔口倒圆角

编程思路:以若干不等半径整圆代替环形曲面。

例1:平刀倒凸圆角。

已知孔口直径为ϕ,孔口圆角半径为R,平刀半径为r,建立几何模型,如图8−10所示。

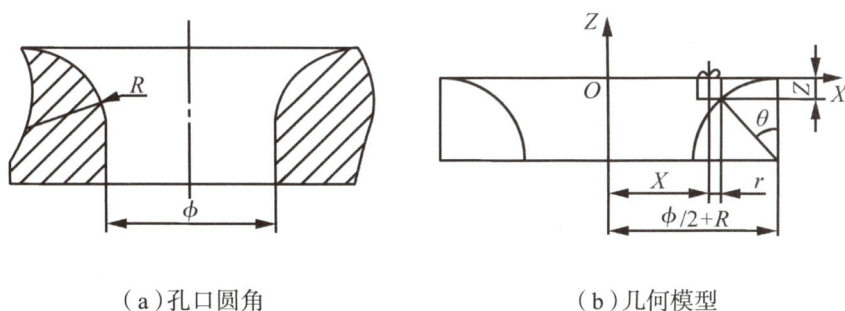

（a）孔口圆角　　　　　　　　（b）几何模型

图8−10　平刀倒凸圆角

设定变量表达式:

$\quad$#1＝θ　　　　　　　　　　(θ为0°～90°,设定初始值#1＝0)

$\quad$#2＝X＝$\phi/2＋R−r−R$*SIN［#1］　(刀具中心坐标)

$\quad$#3＝Z＝$R−R$*COS［#1］

程序:

%0001

S1000　M03

G90　G54　G00　Z100

G00　X0　Y0

G00　Z3

#1 = 0

N99 #2 = φ/2 + R−r−R*SIN［#1］

#3 = R−R*COS［#1］

G01 X#2 Y0 F300

G01 Z−#3 F100

G03 X#2 Y0 I−#2 J0 F300

#1 = #1 + 1

IF［#1 LE 90］GOTO99

G00 Z100

M30

例 2：平刀倒凹圆角。

已知孔口直径为 φ，孔口圆角半径为 R，平刀半径为 r，建立几何模型，如图 8−11 所示。

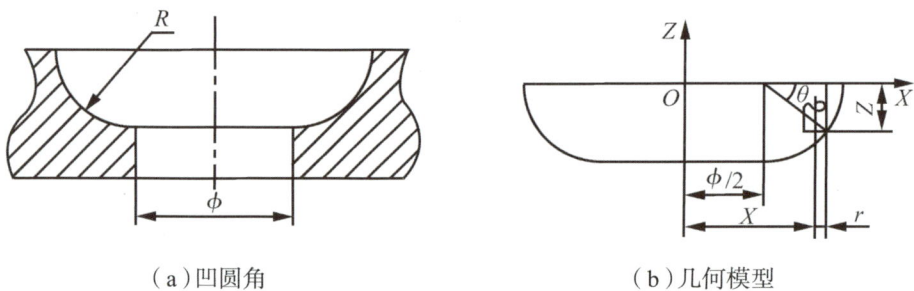

（a）凹圆角   （b）几何模型

图 8−11 平刀倒凹圆角

设定变量表达式：

 #1 = θ   （θ 为 0° ～ 90°，设定初始值 #1 = 0）

 #2 = X = φ/2 + R*COS［#1］−r   （刀具中心坐标）

 #3 = Z = R*SIN［#1］

程序：

%0001

S1000 M03

G90 G54 G00 Z100

G00 X0 Y0

G00 Z3

#1 = 0

N99 #2 = φ/2 + R*COS［#1］−r

#3 = R*SIN［#1］

G01　X#2　Y0　F300

G01　Z-#3　F100

G03　X#2　Y0　I-#2　J0　F300

#1 = #1 + 1

IF［#1　LE　90］GOTO99

G00　Z100

M30

例3：球刀倒凸圆角。

已知孔口直径为 ϕ,孔口圆角半径为 R,球刀半径为 r,建立几何模型,如图 8-12 所示。

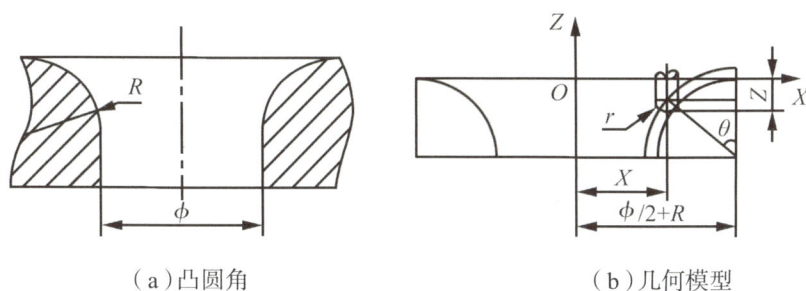

（a）凸圆角　　　　　　　　　　（b）几何模型

图 8-12　球刀倒凸圆角

设定变量表达式：

$\quad$ #1 = θ $\quad\quad\quad\quad$（θ 为 0°～90°,设定初始值 #1 = 0）

$\quad$ #2 = X = $\phi/2 + R-[R + r]*SIN[\#1]$

$\quad$ #3 = Z = $R-[R + r]*COS[\#1] + r = [R + r]*[1-COS[\#1]]$

程序：

%0001

S1000　M03

G90　G54　G00　Z100

G00　X0　Y0

G00　Z3

#1 = 0

N99　#2 = $\phi/2 + R-[R + r]*SIN[\#1]$

#3 = $[R + r]*[1-COS[\#1]]$

G01　X#2　Y0　F300

G01　Z-#3　F100

G03　X#2　Y0　I-#2　J0　F300

#1 ＝ #1 ＋ 1

IF［#1 LE 90］GOTO99

G00 Z100

M30

例 4：球刀倒凹圆角。

凹圆角如图 8-11（a）所示，将平刀改为球刀，球刀半径为 r，建立与图 8-11（b）相似的几何模型。

设定变量表达式：

$#1 = \theta$ （θ 为 0° ～ 90°，设定初始值 #1 ＝ 0）

$#2 = X = \phi/2 + [R-r]*COS[#1]$ （刀具中心坐标）

$#3 = Z = [R-r]*SIN[#1]+r$

程序：

%0001

S1000 M03

G90 G54 G00 Z100

G00 X0 Y0

G00 Z3

#1 ＝ 0

N99 #2 ＝ $\phi/2$ ＋［R-r］*COS［#1］

#3 ＝［R-r］*SIN［#1］＋ r

G01 X#2 Y0 F300

G01 Z-#3 F100

G03 X#2 Y0 I-#2 J0 F300

#1 ＝ #1 ＋ 1

IF［#1 LE 90］GOTO99

G00 Z100

M30

（四）倒孔口斜角

编程思路：以若干不等半径整圆代替环形斜面。

例 1：平刀倒孔口斜角。

已知内孔直径为 ϕ，倒角角度为 θ，倒角深度为 Z_1，建立几何模型，如图 8-13 所示。

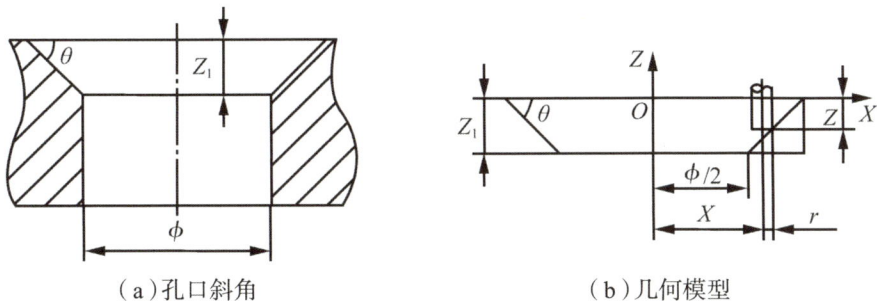

（a）孔口斜角 （b）几何模型

图 8-13 平刀倒孔口斜角

设定变量表达式：

$$\#1 = Z \qquad （Z\ 从\ 0\ 变化到\ Z_1，设定初始值\ \#1 = 0）$$

$$\#2 = X = \phi/2 + Z_1/\text{TAN}[\theta] - \#1/\text{TAN}[\theta] - r$$

程序：

```
%0001
S1000   M03
G90   G54   G00   Z100
G00   X0   Y0
G00   Z3
#1 = 0
WHILE [#1 LE Z1] DO1
#2 = φ/2 + Z1/TAN [θ]-#1/TAN [θ]-r
G01   X#2   Y0   F300
G01   Z-#1   F100
G03   X#2   Y0   I-#2   J0   F300
#1 = #1 + 0.1
END1
G00   Z100
M30
```

倒 2：球刀倒孔口斜角。

孔口斜角如图 8-13（a）所示，用半径为 r 的球刀倒斜角，建立几何模型，如图 8-14 所示。

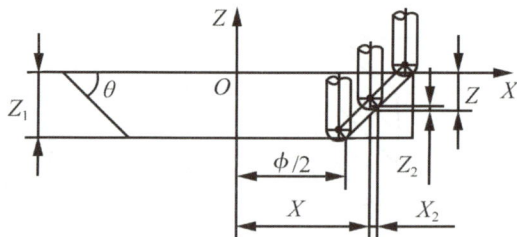

图 8-14　球刀倒孔口斜角

首先求出：

$$Z_2 = r - r\cos\theta$$

$$X_2 = r\sin\theta$$

设定变量表达式：

#1 = Z　　　（Z 由 Z_2 变化到 $Z_1 + Z_2$）

#2 = X = $\phi/2 + Z_1/\mathrm{TAN}\,[\theta] - [Z - Z_2]/\mathrm{TAN}\,[\theta] - X_2$

= $\phi/2 + Z_1/\mathrm{TAN}\,[\theta] - r*\mathrm{SIN}\,[\theta] - [\#1 - r + r*\mathrm{COS}\,[\theta]]/\mathrm{TAN}\,[\theta]$

= $\phi/2 + [Z_1 - \#1 + r - r*\mathrm{COS}\,[\theta]]/\mathrm{TAN}\,[\theta] - r*\mathrm{SIN}\,[\theta]$

程序：

```
%0001
S1000   M03
G90   G54   G00   Z100
G00   X0   Y0
G00   Z3
#1 = Z2
WHILE［#1  LE［Z1 + Z2］］DO1
#2 = φ/2 +［Z1-#1 + r-r*COS［θ］］/TAN［θ］-r*SIN［θ］
G01   X#2   Y0   F300
G01   Z-#1   F100
G03   X#2   Y0   I-#2   J0   F300
#1 = #1 + 0.1
END1
G00   Z100
M30
```

（五）特殊类型加工

例1：运用 G10 指令加工腔体或者凸台。

G10 的格式：

G10　L12　P_　R_

其中，P 后加半径补偿号，R 后加半径补偿值。

编程思路：通过设定刀具半径补偿变量，偏置轮廓加工腔体或凸台。

如图 8-15 所示，假定刀具半径 $r = 5\ mm$，每层加工 2 mm，加工行距为 8 mm。

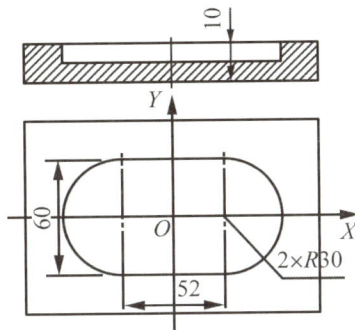

图 8-15　腔体模型

设定变量表达式：

　　$\#1 = Z$　　　　　（Z 从 2 变化到 10，设定初始值 $Z = 2$）

　　$\#2 = D$　　　　　（刀具半径补偿初始值 $D = 5$）

主程序：

```
%0001
S1000　M03
G90　G54　G40　G00　Z100
G00　X0　Y0
G00　Z3
#1 = 2
WHILE［#1 LE 10］DO1
WHILE［#2 LE 30］DO2
#2 = 5
G01　Z-#1　F100
G10　L12　P1　R#2
D01　M98　P100　F200
```

#2 ＝ #2 ＋ 8

END2

#1 ＝ #1 ＋ 2

END1

G00　Z100

M30

子程序：

%100

G41　G01　Y30

G01　X−26　Y30

G03　X−26　Y−30　R30

G01　X26　Y−30

G03　X26　Y30　R30

G01　X0　Y30

G40　G01　X0　Y0

M99

课题技能实训

实训　应用宏程序铣削加工技能训练

实训任务与目标

根据课程讲解的宏程序基本知识及编程例题，利用 XK714 数控铣床完成实际加工操作。在该实训中，主要完成开机、回参考点、工件和刀具装夹、G54 中心对刀法、程序输入与校验模拟等操作，要掌握宏程序的用法及数学模型的建立方法，以完成零件的实际加工。

实训实施

1. 加工准备。

（1）开机、回参考点操作。

（2）工件装夹：把工件装夹在平口钳上，工件下面垫上平垫铁，使工件伸出钳口 5 ～ 10 mm，夹紧工件。

（3）刀具装夹：选择合适的铣刀，按照正确装夹方法，先把弹簧夹头装入锁紧螺母中，再装入所需刀具，最后将刀柄装入主轴并上紧。

2. 对刀。

应用 G54 指令,采用中心试切法对刀。

3. 零件加工。

(1)程序输入与校验模拟:先完成程序输入,然后应用相应功能进行程序校验。观察显示屏显示的模拟图形是否与要求的图形一致,若不一致,找出问题所在并更正,直至无误。

(2)零件自动加工:选择"自动"工作方式,并按循环启动键,执行零件加工程序的自动加工。

4. 操作注意事项。

(1)工件装夹时,要考虑垫铁与加工部位是否干涉。

(2)刀具、工件应按要求夹紧。若选用的工件材料为石蜡,切记轻轻夹紧即可,不要用力过大,以免石蜡工件碎裂。

(3)对刀操作应正确熟练,时刻注意手动移动方向,及时调整进给倍率大小,避免因移动方向错误或进给倍率过大而发生撞刀或对刀错误。

实训评价

实训结束后,填写课题实训测评表(见表 4-6)。

课题练习

一、理论部分

1. 宏变量有哪几种? 分别对应的功能地址是什么?
2. 简述宏程序的主要特征有哪些。
3. 说明算术运算符和功能指令的对应关系。

二、实训部分

应用宏程序功能,编程加工椭圆和轮廓上表面倒圆角(尺寸自定)。

模块九　自动编程加工

内容介绍

　　本模块主要引导学生学习 CAXA 制造工程师这一自动编程加工软件,掌握 CAXA 制造工程师软件中各功能菜单的作用和使用方法,尤其是曲面造型和实体造型功能的使用方法,完成数控加工。

课程思政

　　甲在合资公司做白领,觉得自己的才华没有得到上级的赏识。他经常想:如果有一天能见到总经理,有机会展示一下自己的才华就好了! 甲的同事乙也有同样的想法,乙更进一步,去打听总经理上下班的时间,算好总经理大概会在何时进电梯,他也在这个时候去坐电梯,希望能遇到总经理,有机会可以打个招呼。他们的同事丙更进一步,丙详细了解了总经理的奋斗历程,弄清了总经理毕业的学校、人际交往的风格、关心的问题,精心设计了几句简单却有分量的开场白,在算好的时间去乘坐电梯,跟总经理打过几次招呼后,终于有一天跟总经理长谈了一次,不久就争取到了更好的职位。

心得感悟

　　愚者错失机会,智者善抓机会,成功者创造机会。机会只给准备好的人,这"准备"二字,并非说说而已。

➡ 模块学习目标

1. 熟悉 CAXA 制造工程师软件中各功能菜单的作用和使用方法。
2. 掌握曲面造型功能的使用方法,会使用不同的功能完成零件的曲面造型。
3. 掌握实体造型功能的使用方法,会使用不同的功能完成零件的实体造型。

4.能够根据曲面造型和实体造型完成零件的自动编程,并生成程序传输到数控铣床上,完成数控加工。

➡️ 知识学习

自动编程又称计算机辅助编程,其定义是:利用通用计算机(含外围设备)和相应的前置、后置处理软件,对零件源程序或 CAD 图形进行处理,以得到加工程序(单)和控制介质的一种编程方式。

采用自动编程,能较好地解决手工编程面临的复杂、烦琐、费时,甚至无解等诸多难题,节省时间和人力。

一、CAXA 制造工程师软件自动编程加工应用

完成图 9-1 和图 9-2 所示图形的造型和数控加工。

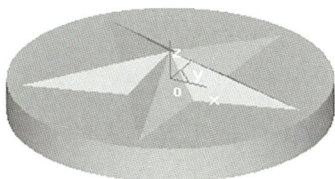

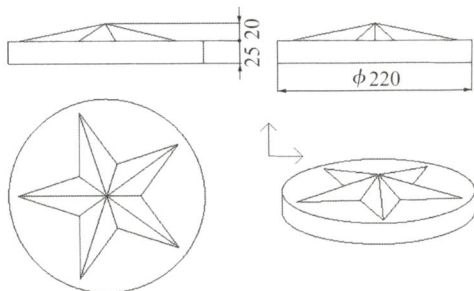

图 9-1　五角星造型　　　　　图 9-2　五角星零件图

造型思路:由图纸可知,五角星的造型特点主要是由多个空间面组成,因此在构造实体时应首先使用空间曲线构造实体的空间线架,然后利用直纹面生成曲面,可以逐个生成也可以将生成的一个角的曲面进行圆形均步阵列,生成其他的曲面。最后使用曲面裁剪实体的方法生成实体,完成造型。

二、绘制五角星的框架

(一)圆的绘制

单击曲线生成工具栏上的"二维草图"按钮,进入空间曲线绘制状态,在特征树下方的立即菜单中选择作圆方式"圆心点_半径",然后按照提示用鼠标点取坐标系原点,也可以按"Enter"键,在弹出的对话框内输入圆心点的坐标(0,0,0)和半径的值 100,点击"确认",单击鼠标右键结束该圆的绘制。

注意：在输入坐标值或半径值时，应该在英文输入法状态下输入，也就是半角输入，否则会导致错误。

（二）五边形的绘制

单击曲线生成工具栏上的 ⬡多边形▾ 按钮，在特征树下方的立即菜单中选择"中心"定位，边数为5，内接，如图9-3所示。按照系统提示点取中心点，内接半径为100（输入方法与圆的绘制中相同），然后单击鼠标右键结束该五边形的绘制。这样我们就得到了五角星的五个角点，如图9-4所示。

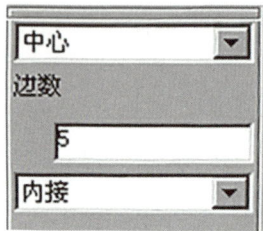

图 9-3　绘制五边形参数选择　　　　图 9-4　五角星的五个角点

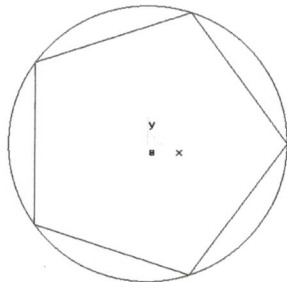

（三）构造五角星的轮廓线

通过上述操作我们得到了五角星的五个角点，使用曲线生成工具栏上的 ⤵连续直线 按钮，在特征树下方的立即菜单中选择"两点线""连续""非正交"（如图9-5所示），将五角星的各个角点连接起来，如图9-6所示。

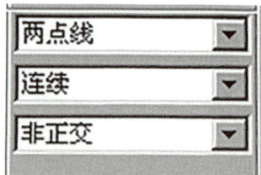

图 9-5　构造轮廓线参数选择　　　　图 9-6　连接五个角点

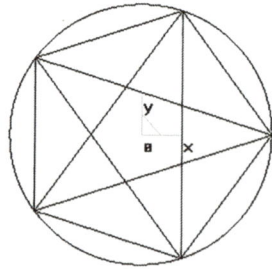

使用"删除"工具将多余的线段删除。单击 ✗删除重复 按钮，用鼠标直接点取多余的线段，点取的线段会变成红色，单击右键确认，得到图9-7所示的图形。

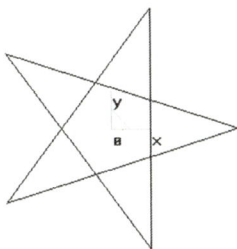

图 9-7　去除多余线段

裁剪后图中还会剩余一些线段，单击线面编辑工具栏中的 ✂裁剪 按钮，在特征树下方的立即菜单中选择"快速裁剪""正常裁剪"方式，如图 9-8 所示，用鼠标点取剩余的线段就可以实现曲线裁剪。这样我们就得到了五角星的一个轮廓，如图 9-9 所示。

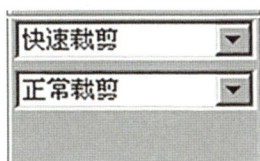

图 9-8　裁剪参数选择

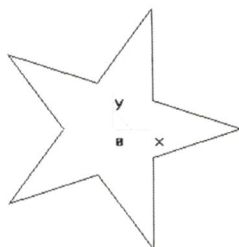

图 9-9　五角星轮廓

（四）构造五角星的空间线架

在构造空间线架时，我们还需要五角星的一个顶点，因此需要在五角星的高度方向上找到一点（0,0,20），以便通过两点连线实现五角星的空间线架构造。

使用曲线生成工具栏上的 连续直线 按钮，在特征树下方的立即菜单中选择"两点线""连续""非正交"，用鼠标点取五角星的一个角点，然后单击回车键，输入顶点坐标（0, 0,20），如图 9-10 所示。同理，作五角星各个角点与顶点的连线，构造五角星的空间线架，如图 9-11 所示。

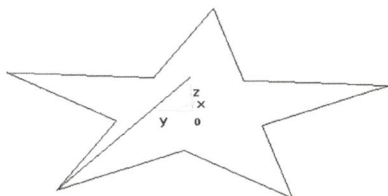

图 9-10　确定顶点

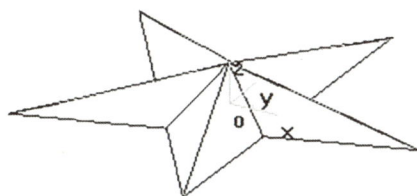

图 9-11　构造空间线架

三、五角星曲面生成

(一)通过直纹面生成曲面

以五角星的一个角为例,用鼠标单击曲面工具栏中的 直纹面 按钮,在特征树下方的立即菜单中选择"曲线+曲线"的方式生成直纹面,然后用鼠标左键拾取该角相邻的两条直线生成曲面,如图9-12所示。用同样的方法生成另一侧曲面,如图9-13所示。

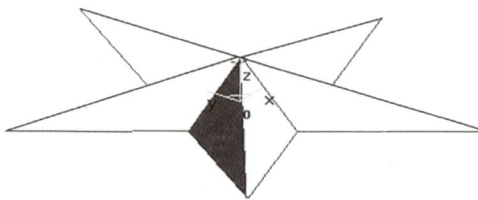

图9-12 生成一个曲面

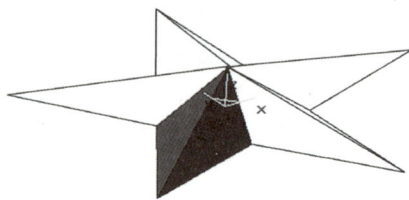

图9-13 生成另一个曲面

注意:在拾取相邻直线时,鼠标的拾取位置应该尽量保持一致(相对应的位置),这样才能保证得到正确的直纹面。

(二)生成其他各个角的曲面

在生成其他曲面时,我们可以利用直纹面逐个生成曲面,也可以使用圆形阵列功能来实现五角星的曲面构成。单击几何变换工具栏中的 阵列特征 按钮,在特征树下方的立即菜单中选择"圆形"阵列方式,分布形式为"均布",份数为"5",如图9-14所示。用鼠标左键拾取一个角上的两个曲面,单击鼠标右键确认,然后根据提示输入中心点坐标(0,0,0),也可以直接用鼠标拾取坐标原点,系统会自动生成各角的曲面,如图9-15所示。

图9-14 圆形阵列参数选择　　图9-15 生成其余四个曲面

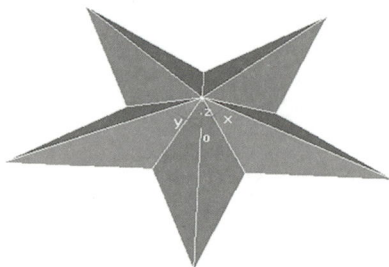

注意:在使用圆形阵列功能时,一定要注意阵列平面的选择,以防曲面发生阵列错误。在本例中使用阵列前最好按一下快捷键"F5",用来确定阵列平面为 *XOY* 平面。

（三）生成五角星的加工轮廓平面

先以原点为圆心作圆，半径为110，如图9-16所示。

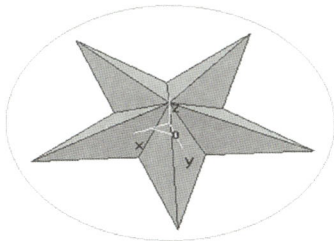

图9-16　绘制加工轮廓

用鼠标单击曲面工具栏中的"平面"工具按钮，并在特征树下方的立即菜单中选择"裁剪平面"。用鼠标拾取平面的外轮廓线，然后确定链搜索方向（用鼠标点取箭头），系统会提示拾取第一个内轮廓线（图9-17）。用鼠标拾取五角星底边的一条线（图9-18），单击鼠标右键确定，生成加工轮廓平面，如图9-19所示。

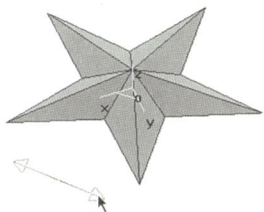

图9-17　确定链搜索方向

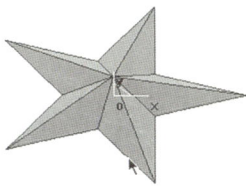

图9-18　拾取底边的一条线

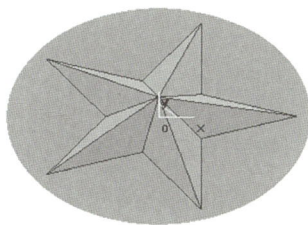

图9-19　生成加工轮廓平面

四、生成加工实体

（一）生成基本体

选择特征树中的"平面XY"，单击鼠标右键选择"创建草图"，如图9-20所示。或者直接单击创建草图按钮 （或按快捷键"F2"），进入草图绘制状态。

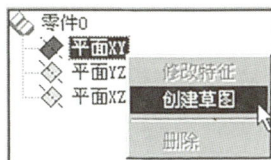

图9-20　选择"创建草图"

单击曲线生成工具栏上的曲线投影按钮，用鼠标拾取已有的外轮廓圆，将圆投影到草图上，如图9-21所示。

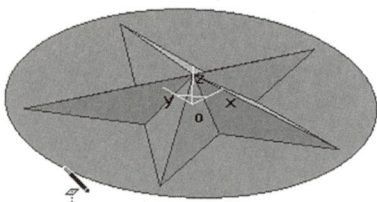

图 9-21　将圆投影在草图上

在菜单栏中选择造型→特征生成→增料→拉伸，在"拉伸"对话框中选择相应的选项，如图 9-22 所示。单击"确定"后生成基本体，如图 9-23 所示。

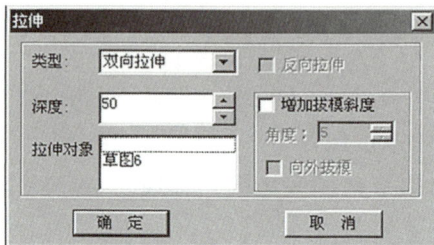

图 9-22　"拉伸"对话框

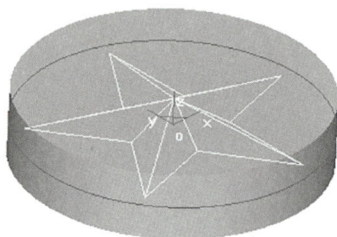

图 9-23　生成基本体

（二）生成实体

单击特征工具栏上的"曲面裁剪除料"按钮，用鼠标拾取已有的各个曲面，并且选择除料方向，如图 9-24 所示，单击"确定"，生成实体。

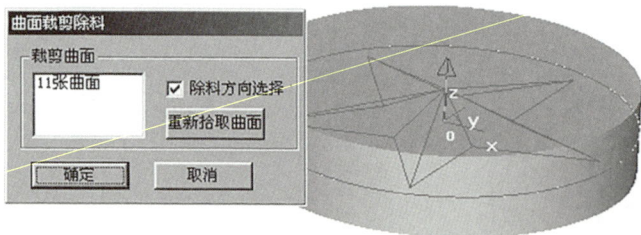

图 9-24　生成实体

（三）利用"隐藏"功能将曲面隐藏

单击"编辑"→"隐藏"，用鼠标从右向左框选实体（或用鼠标单个拾取曲面），如图 9-25 所示。单击右键确认，实体上的曲面就被隐藏了，如图 9-26 所示。

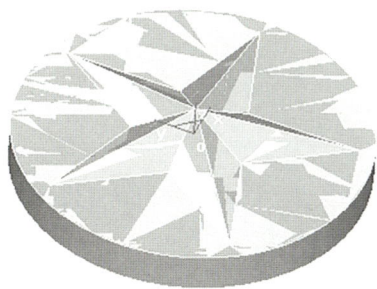

图 9-25　选择要隐藏的曲面　　　　图 9-26　隐藏曲面后的实体

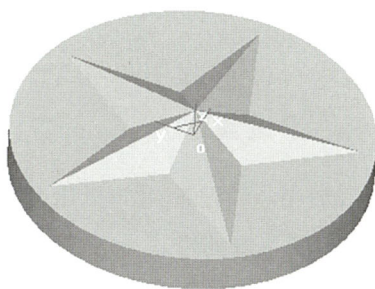

注意：由于在实体加工中，有些图线和曲面是需要保留的，因此不要随便删除。

五、加工前的准备工作

（一）设定加工刀具

选择屏幕左侧的"加工管理"结构树，双击结构树中的"刀具定义"，弹出"刀具定义"对话框，如图 9-27 所示。

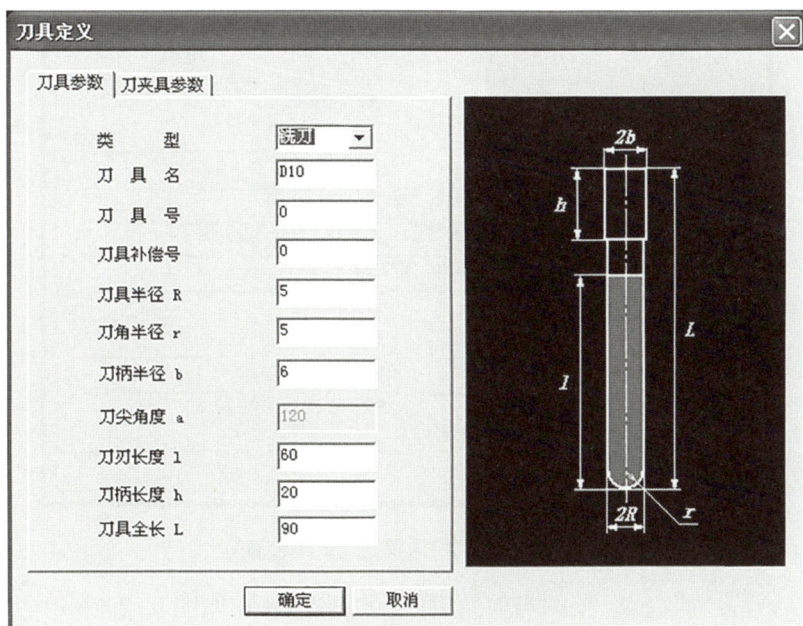

图 9-27　"刀具定义"对话框

刀具名称一般以铣刀的直径和刀角半径来表示，如"D10，r3"，D 代表刀具直径，r 代表刀角半径。

在"刀具定义"对话框中键入正确的数值，刀具定义即可完成。其中刀刃长度和刀杆长度与仿真有关而与实际加工无关,在实际加工中要正确选择吃刀量和吃刀深度,以免刀具损坏。

(二)机床后置设置

用户可以增加当前自己使用的机床,给出机床名,定义适合该机床的后置格式。系统默认的格式为 FANUC 系统的格式。

1.选择屏幕左侧的"加工管理"结构树,双击结构树中的"机床后置",弹出"机床后置"对话框。

2.点击"机床信息"标签,选择当前机床类型,如图 9-28 所示。

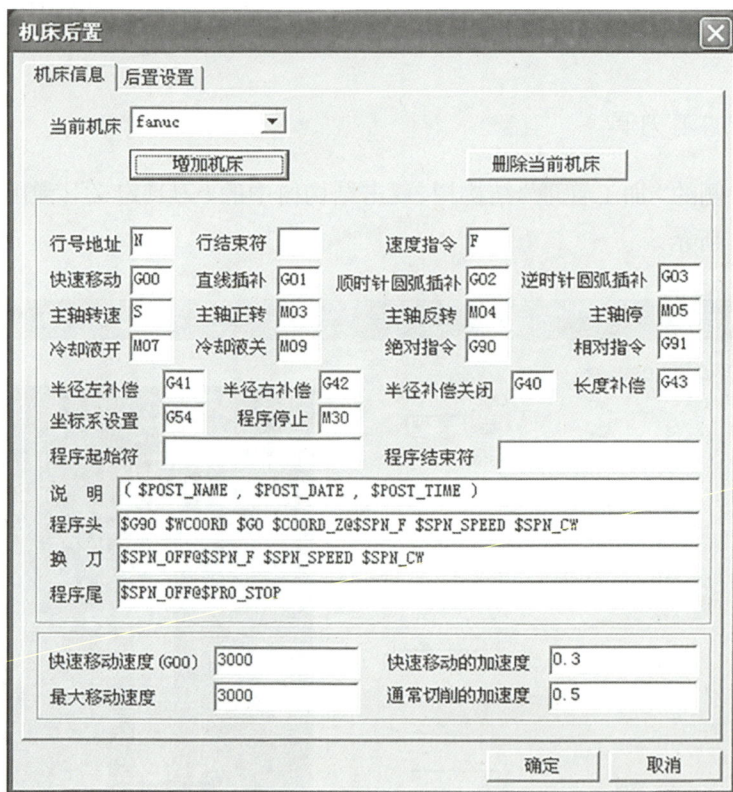

图 9-28 "机床信息"参数设置

3.点击"后置设置"标签,根据当前的机床,设置各参数,如图 9-29 所示。

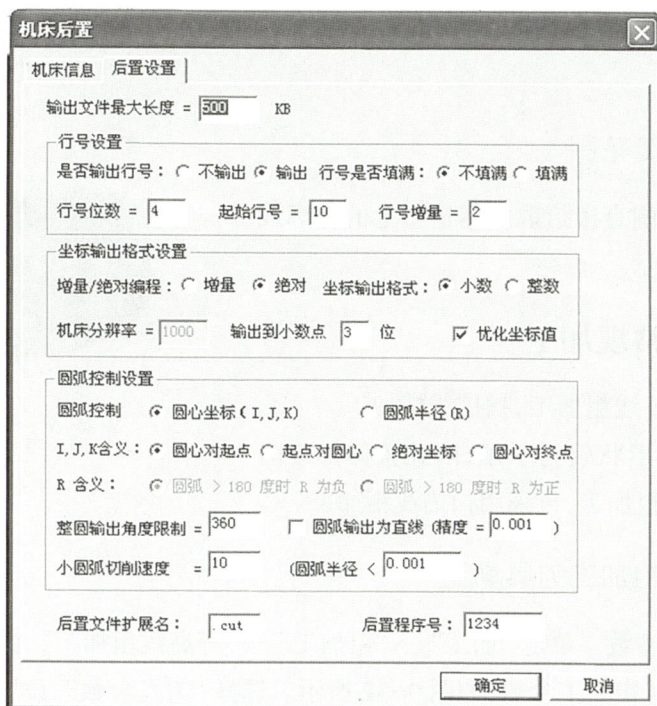

图 9-29 "后置设置"参数设置

（三）定义毛坯

1.选择屏幕左侧的"加工管理"结构树,双击结构树中的"毛坯",弹出"定义毛坯"对话框,如图 9-30 所示。

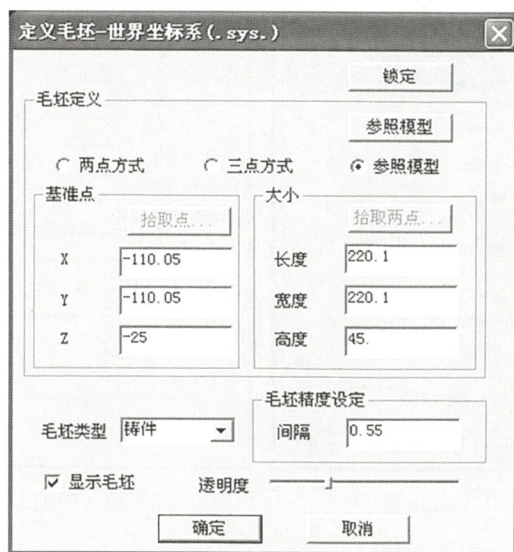

图 9-30 "定义毛坯"对话框

2. 点击"参照模型"复选框，再单击其下的"参照模型"按钮，系统按现有模型自动生成毛坯。

（四）设定加工范围

此例的加工范围直接拾取实体造型上的轮廓线即可，如图 9-31 所示。

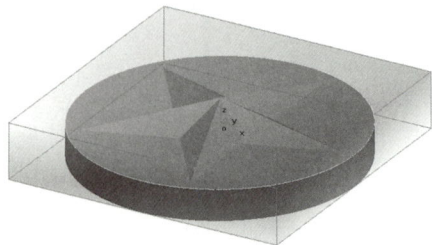

图 9-31　设定加工范围

六、五角星常规加工

加工思路：等高线粗加工，扫描线精加工。

五角星的整体形状较为平坦，因此整体加工时应该先选择等高线粗加工，再采用扫描线精加工。

（一）等高线粗加工刀具轨迹

1. 设置粗加工参数。单击"加工"→"粗加工"→"等高线粗加工"，在弹出的"等高线粗加工"对话框中设置粗加工参数，如图 9-32 所示。选择"刀具参数"，设置粗加工铣刀参数，如图 9-33 所示。

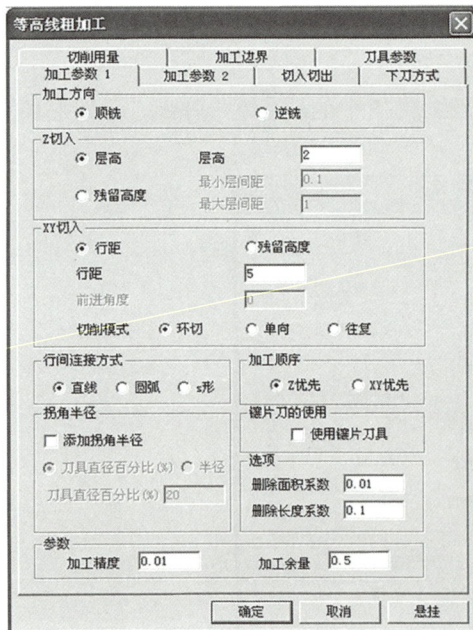

图 9-32　粗加工参数设置

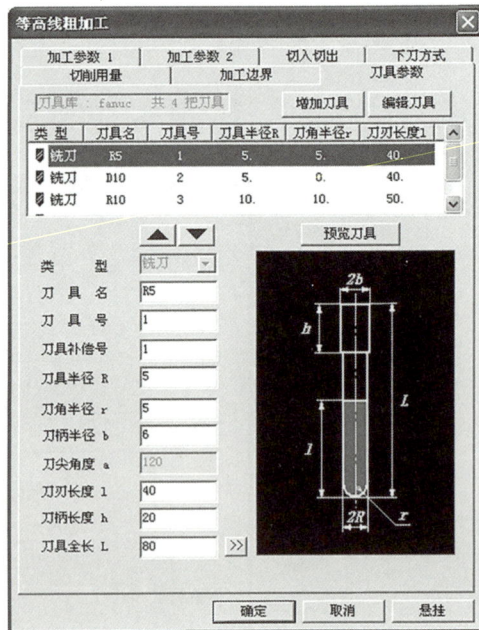

图 9-33　粗加工铣刀参数设置

2. 设置粗加工"切削用量"参数，如图 9-34 所示。

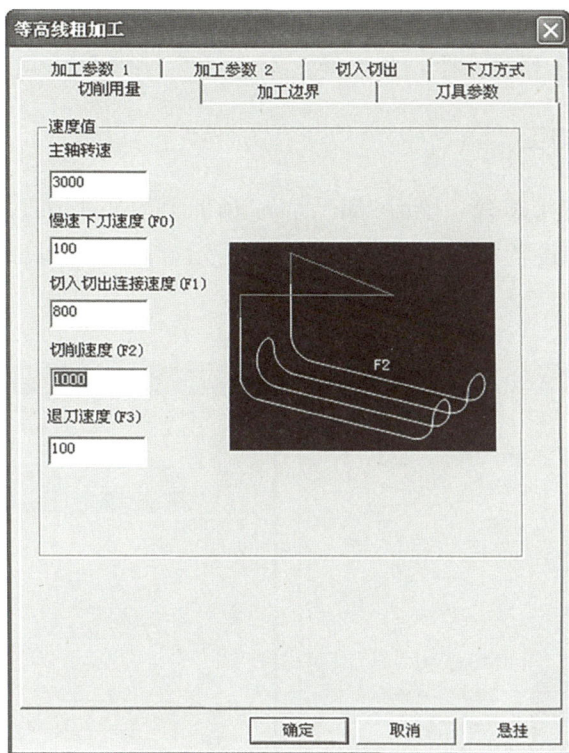

图 9-34　粗加工切削用量参数设置

3. 确认下刀方式、切入切出等的系统默认值,按"确定"退出参数设置。

4. 按系统提示拾取加工对象和加工边界。选中整个实体表面作为加工对象,系统将拾取到的所有实体表面变红,然后按鼠标右键确认拾取;拾取轮廓圆为加工边界,点中提示的箭头的一端,按鼠标右键结束。

5. 生成粗加工轨迹。系统提示"正在计算轨迹请稍候",然后会自动生成粗加工轨迹,如图 9-35 所示。

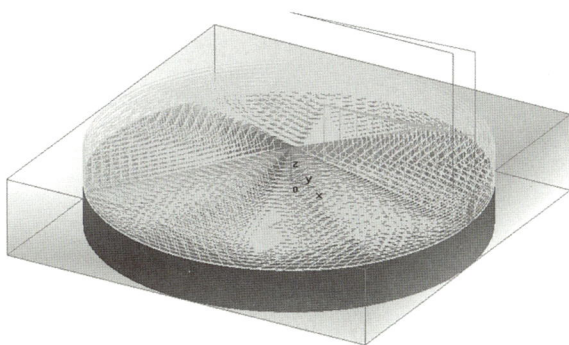

图 9-35　生成粗加工轨迹

6. 隐藏生成的粗加工轨迹。拾取轨迹，单击鼠标右键，在弹出菜单中选择"隐藏"命令，隐藏生成的粗加工轨迹，以便于下一步操作。

（二）扫描线精加工

1. 设置扫描线精加工参数。单击"加工"→"精加工"→"扫描线精加工"，在弹出的"扫描线精加工"对话框中设置加工参数，如图9-36所示。点击"刀具参数"，设置精加工铣刀参数，如图9-37所示。

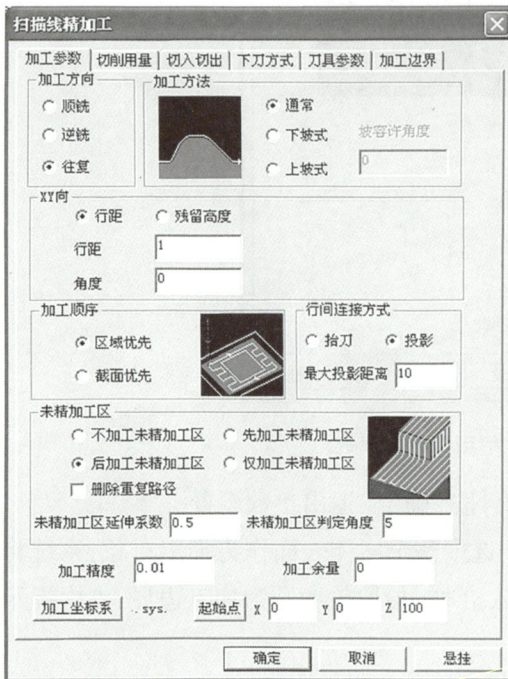

图 9-36　精加工参数设置　　　图 9-37　精加工铣刀参数设置

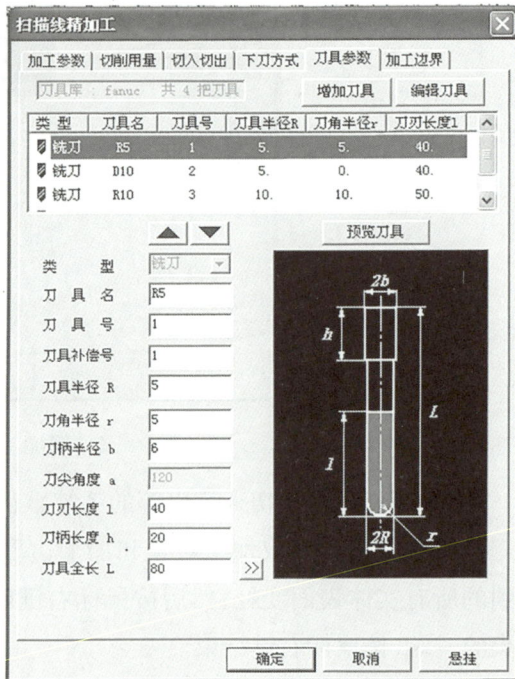

2. 设置精加工切削用量参数，如图9-38所示。

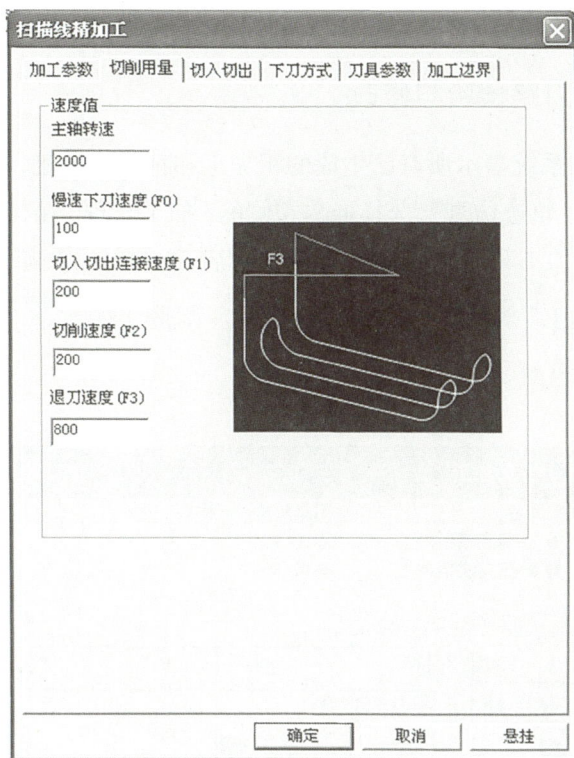

图 9-38　精加工切削用量参数设置

3. 确认下刀方式、加工边界等的系统默认值,按"确定"完成精加工参数设置并退出对话框。

4. 按系统提示拾取加工对象和加工边界。选中整个实体表面作为加工对象,系统将拾取到的所有实体表面变红,然后按鼠标右键确认拾取;拾取轮廓圆为加工边界,点中提示的箭头的一端,按鼠标右键结束。

5. 生成精加工轨迹,如图 9-39 所示。

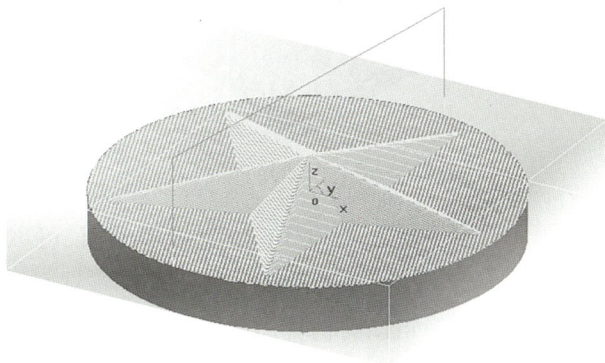

图 9-39　生成精加工轨迹

注意：精加工的加工余量为 0。

（三）加工仿真、刀路检验与修改

1. 按"可见"铵钮，系统显示所有已生成的粗加工和精加工轨迹，将它们选中。

2. 单击"加工"→"轨迹仿真"，选择屏幕左侧的"加工管理"结构树，依次点中"等高线粗加工"和"扫描线精加工"，右键确认。系统自动启动 CAXA 轨迹仿真器，点中实体仿真图标，弹出"仿真加工"对话框，如图 9-40 所示。调整 [10] 下拉菜单中的值为 10，按 [运行] 来运行仿真程序。

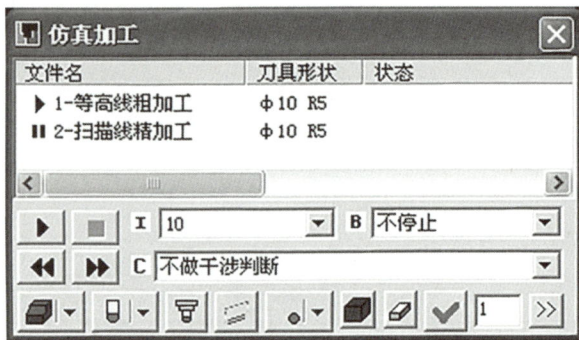

图 9-40 "仿真加工"对话框

3. 在仿真过程中，可以按住鼠标中间来拖动、旋转被仿真件，也可以滚动鼠标中间来缩放被仿真件，如图 9-41 所示。

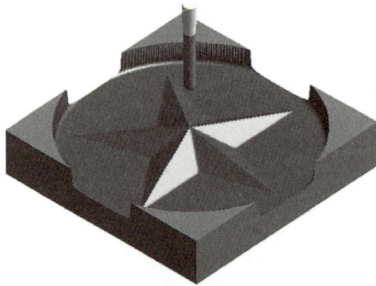

图 9-41 被仿真件

4. 调整 C [G00干涉+夹具干涉] 下拉菜单中的值，可以检查干涉情况，若有干涉会自动报警。

5. 仿真完成后，单击 [分析] 按钮，可以将仿真后的模型与原有零件进行对比。对比时，屏幕右下角会出现一个色条，如图 9-42 所示，其中绿色表示和原有零件一致；颜色越蓝，表示余量越多；颜色越红，表示过切越厉害。

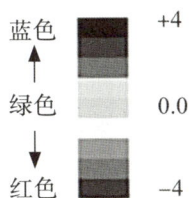

蓝色 ■ +4

↑

绿色 ■ 0.0

↓

红色 ■ −4

图 9-42　色条

6.仿真检验无误后,可保存粗加工轨迹和精加工轨迹。

（四）生成程序

1.单击"加工"→"后置处理"→"生成 G 代码",在弹出的"选择后置文件"对话框中给要生成的 NC 代码文件命名(如五角星加工 .cut),并选择存储路径,如图 9-43 所示,确定保存后退出。

图 9-43　"选择后置文件"对话框

2.分别拾取粗加工轨迹与精加工轨迹,按右键确定,生成加工 G 代码,如图 9-44 所示。

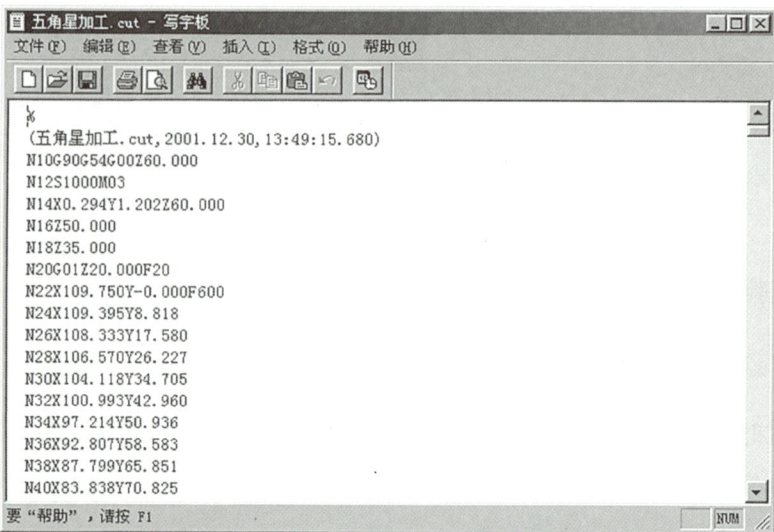

图 9-44　生成加工 G 代码

（五）生成加工工艺单

生成加工工艺单的目的有三个：一是满足车间加工的需要，当加工程序较多时可以使加工有条理，不会产生混乱；二是方便编程者和机床操作者交流，凭嘴讲的东西总不如纸面上的文字更清楚；三是满足车间生产和技术管理上的需要，将加工完的零件的图形档案、G 代码程序和加工工艺单一起保存起来，以后如需要再加工此零件，那么可以立即取出保存的文件进行加工，不需要再做重复的工作。

1. 选择"加工"→"工艺清单"，弹出"工艺清单"对话框，如图 9-45 所示。输入零件名称等信息后，点击"拾取轨迹"按钮，再点中粗加工轨迹和精加工轨迹，右键确认后，按"生成清单"按钮生成工艺清单，如图 9-46 所示。

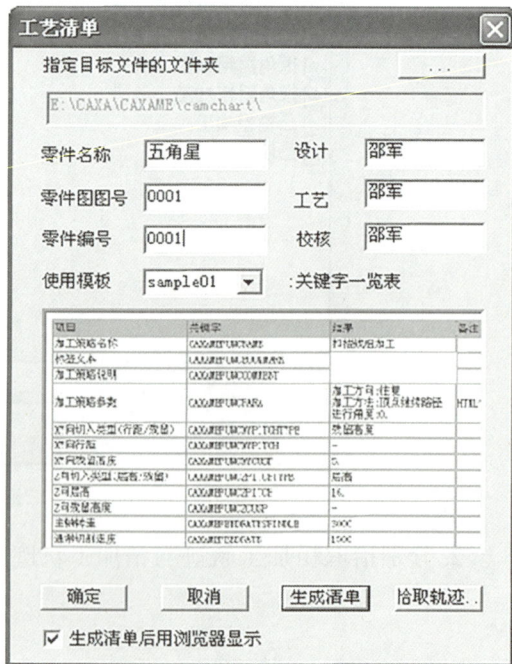

图 9-45　"工艺清单"对话框

图 9-46　生成工艺清单

2. 点中工艺清单输出结果中的各项,可以查看毛坯、工艺参数、刀具等信息,如图 9-47 所示(工艺清单局部)。

项目	关键字	结果	备注
刀具顺序号	CAXAMETOOLNO	1	
刀具名	CAXAMETOOLNAME	r5	
刀具类型	CAXAMETOOLTYPE	铣刀	
刀具号	CAXAMETOOLID	1	
刀具补偿号	CAXAMETOOLSUPPLEID	1	
刀具直径	CAXAMETOOLDIA	10.	
刀角半径	CAXAMETOOLCORNERRAD	5.	
刀尖角度	CAXAMETOOLENDANGLE	120.	
刀刃长度	CAXAMETOOLCUTLEN	60.	
刀杆长度	CAXAMETOOLTOTALLEN	90.	
刀具示意图	CAXAMETOOLIMAGE		HTML代码

图 9-47　工艺清单局部

3. 加工工艺单可以用 IE 浏览器来看,也可以用 WORD 来看,并且可以用 WORD 来修改。

至此,五角星的造型、生成加工轨迹、加工轨迹仿真检查、生成 G 代码程序、生成加工工艺单的工作已经全部完成,我们可以把加工工艺单和 G 代码程序通过工厂的局域网送到车间。车间在加工之前还可以通过 CAXA 制造工程师软件中的校核 G 代码功能查看加工代码的轨迹形状,做到加工之前胸中有数。把工件打表找正,按加工工艺单的要求找好工件零点,再装好刀具,找好刀具的 Z 轴零点,就可以开始加工了。

课题技能实训

实训　自动编程铣削加工技能训练

实训任务与目标

根据课程讲解的 CAXA 制造工程师软件的知识,完成自动编程加工技能训练,利用 XK714 数控铣床完成实际加工操作。

实训实施

1. 加工准备。

(1)利用 CAXA 软件生成加工工艺单和 G 代码程序。

(2)开机、回参考点操作。

(3)工件装夹:把工件装夹在平口钳上,平口钳下面垫上平垫铁,使工件伸出钳口 5～10 mm,夹紧工件。

(4)刀具装夹:选用合适的刀具,按照正确装夹方法,先把弹簧夹头装入锁紧螺母中,再装入所需刀具,最后将刀柄装入主轴并上紧。

2. 对刀。

应用 G54 指令,采用中心试切法对刀。

3. 零件加工。

(1)程序输入与校验模拟:先完成程序输入,然后应用相应功能进行程序校验。观察显示屏显示的模拟图形是否与要求的图形一致,若不一致,找出问题所在并更正,直至无误。

(2)零件自动加工:选择"自动"工作方式,并按循环启动键,执行零件加工程序的自动加工。

4. 操作注意事项。

(1)工件装夹时,要考虑垫铁与加工部位是否干涉。

(2)刀具、工件应按要求夹紧。若选用的工件材料为石蜡,切记轻轻夹紧即可,不要用力过大,以免石蜡工件碎裂。

(3)对刀操作应正确熟练,时刻注意手动移动方向,及时调整进给倍率大小,避免因移动方向错误或进给倍率过大而发生撞刀或对刀错误。

实训评价

实训结束后,填写课题实训测评表(见表 4-6)。

课题练习

一、理论部分

1. 简述 CAXA 制造工程师软件的曲面造型有哪几种方法。

2. 简述 CAXA 制造工程师软件的实体造型有哪几种方法。

二、实训部分

1. 应用 CAXA 制造工程师软件,完成图 9-48 至图 9-53 所示图形的实体造型。

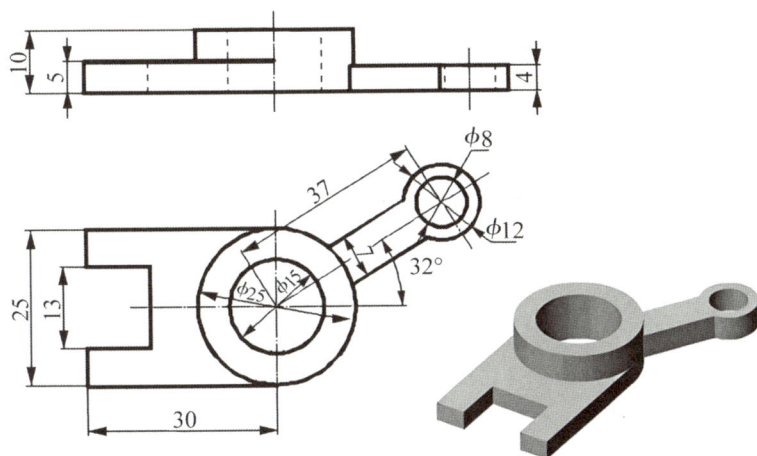

图 9-48 零件图

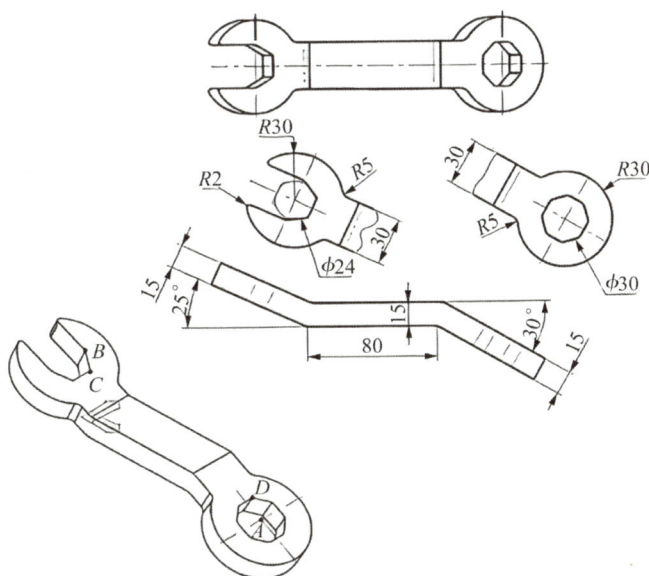

图 9-49 零件图

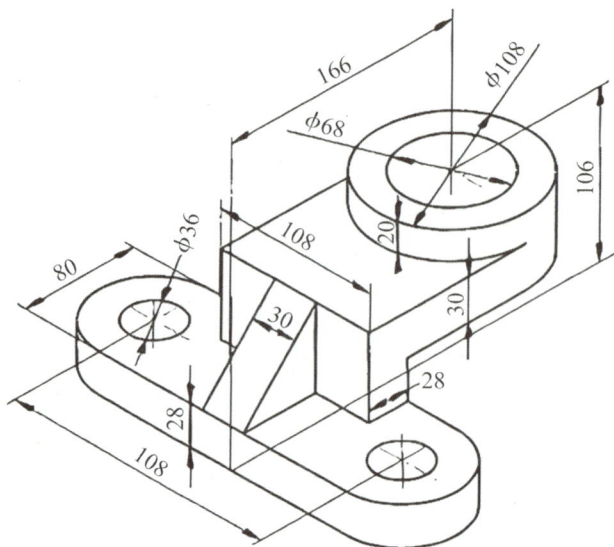

图 9-50　零件图

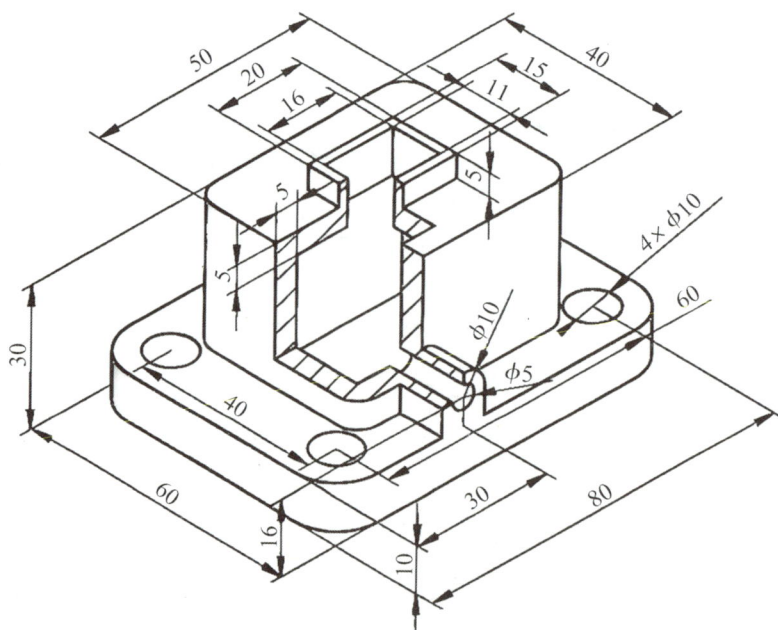

图 9-51　零件图

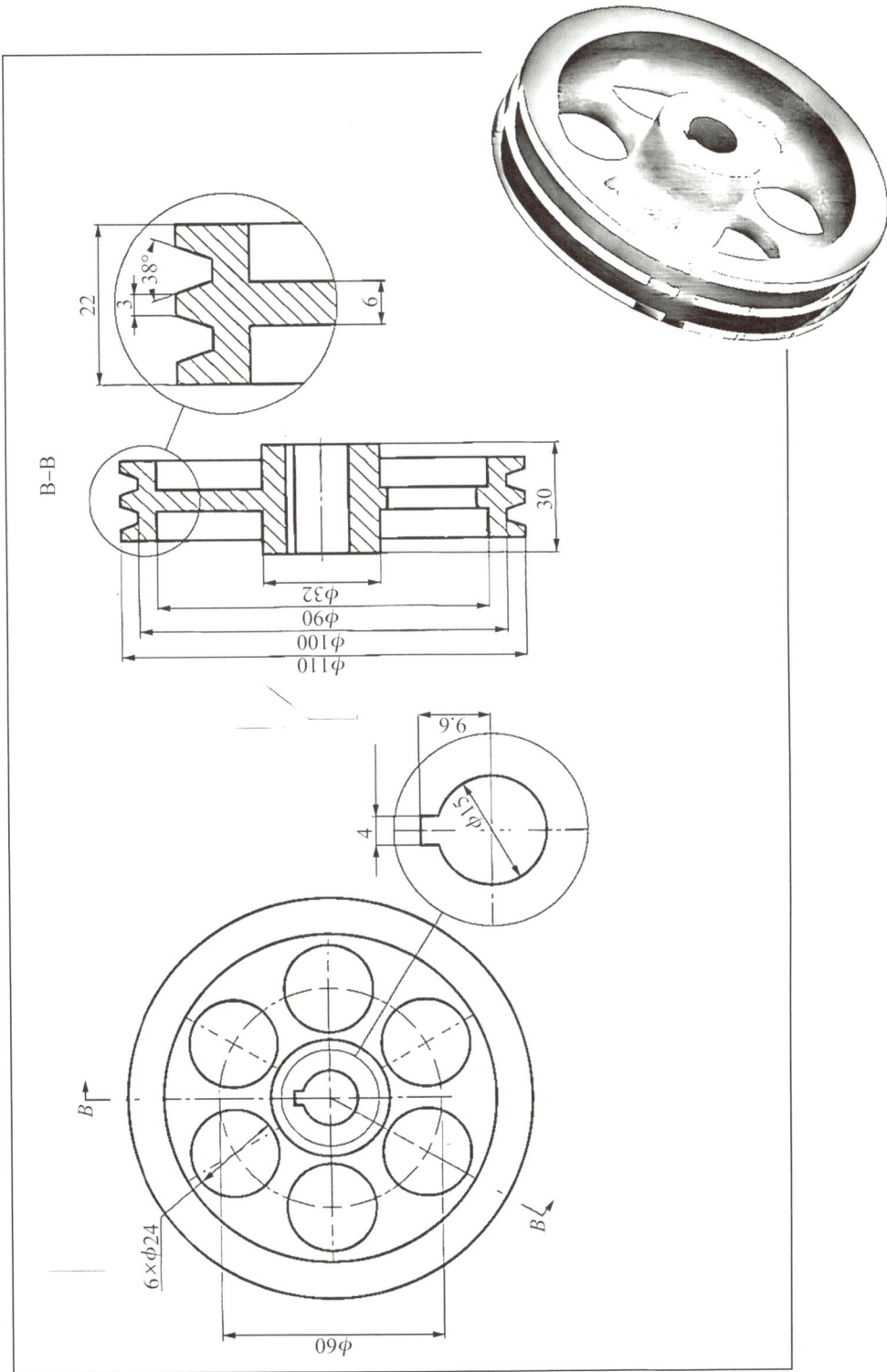

图 9-52　零件图

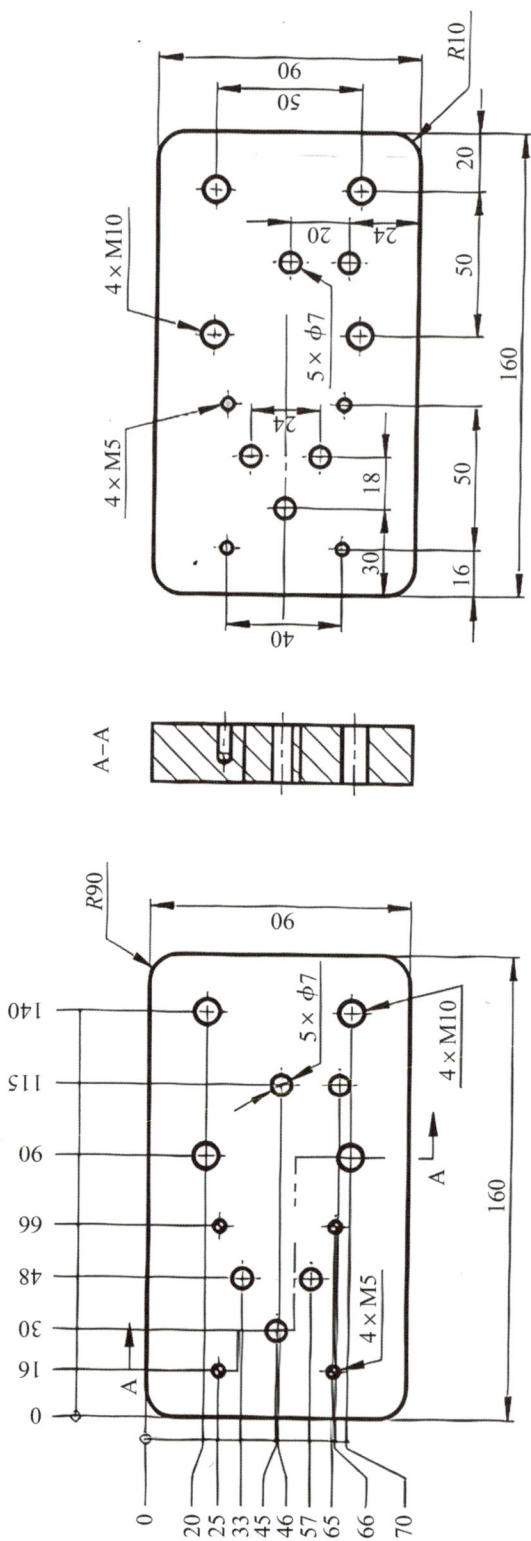

常规标注方式

A–A

尺寸链标注方式

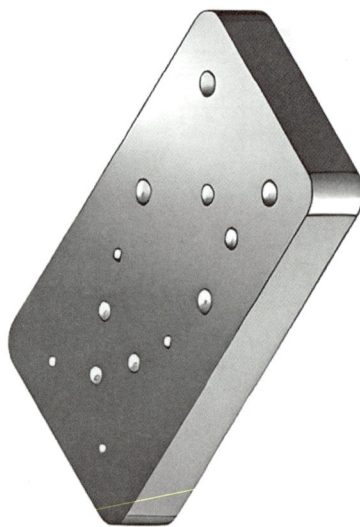

图 9-53　零件图

2. 应用 CAXA 制造工程师软件,完成图 9-54 和图 9-55 中图形的造型和数控加工。

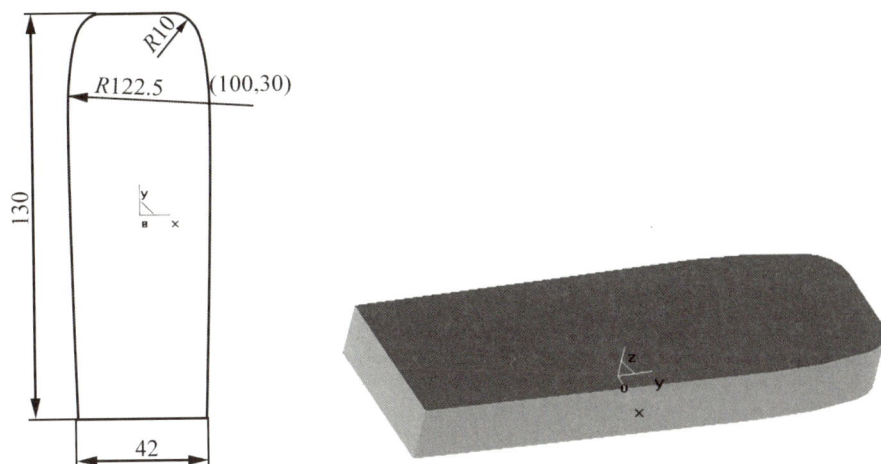

图 9-54 零件图

2 : 1

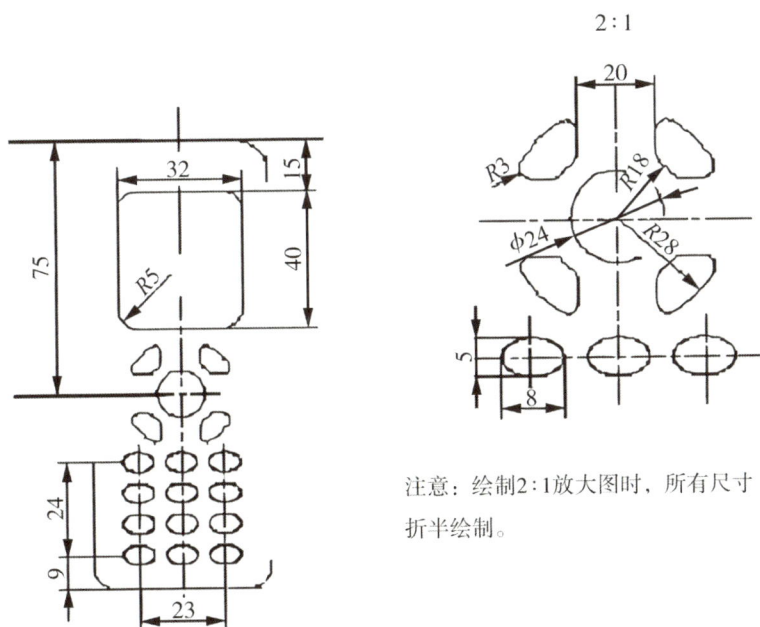

注意:绘制2:1放大图时,所有尺寸
折半绘制。

图 9-55 零件图

参考文献

［1］曹成,郑贞平,张小红.高级数控技工必备技能与典型实例:数控铣加工篇［M］.北京:电子工业出版社,2008.

［2］王军,王申银.数控加工编程与应用［M］.武汉:华中科技大学出版社,2009.

［3］段小旭.数控加工工艺方案设计与实施［M］.沈阳:辽宁科学技术出版社,2008.

［4］沈建峰,朱勤惠.数控加工生产实例［M］.北京:化学工业出版社,2006.

［5］徐伟,张伦玠.数控铣床职业技能鉴定强化实训教程［M］.武汉:华中科技大学出版社,2006.

［6］刘仲海,张重山.数控铣床编程与强化实训［M］.北京:北京理工大学出版社,2008.

［7］胡育辉.数控铣床加工中心［M］.沈阳:辽宁科学技术出版社,2005.

［8］陈海舟.数控铣削加工宏程序及应用实例［M］.2版.北京:机械工业出版社,2007.

［9］翟瑞波.数控铣床／加工中心编程与操作实例［M］.北京:机械工业出版社,2007.